分布式标识与数字身份

谢家贵　李志平　柴森春　金　键　编著

電子工業出版社

Publishing House of Electronics Industry

北京 · BEIJING

内 容 简 介

"分布式标识＋数字身份技术方案"是数字身份的最新解决方案。近年来，经过多方努力，该领域已取得了理论、模型、规范、研发等方面的众多成果。本书主要讲述自主主权身份（SSI）模型和分布式数字身份（DID）技术的发展历程、理论、模型、技术特点、应用场景及未来前景，比较详细地介绍了分布式数字身份技术的规范、特点、优势和挑战，列举了主要研究机构及其公开发布的部分研究成果，并且提供了 3 个主流解决方案以帮助读者加深理解，为研发工作提供参考，还通过应用场景分析了自主主权身份体系对多个行业或领域的影响，最后展望其未来的应用前景。

图书在版编目（CIP）数据

分布式标识与数字身份 / 谢家贵等编著. —北京：电子工业出版社，2024.3
ISBN 978-7-121-47327-2

Ⅰ. ①分⋯　Ⅱ. ①谢⋯　Ⅲ. ①电子签名技术－研究　Ⅳ. ①TN918.912

中国国家版本馆 CIP 数据核字（2024）第 042241 号

责任编辑：朱雨萌　　特约编辑：杨亚楠
印　　刷：北京天宇星印刷厂
装　　订：北京天宇星印刷厂
出版发行：电子工业出版社
　　　　　北京市海淀区万寿路 173 信箱　邮编：100036
开　　本：720×1000　1/16　印张：11.5　字数：232 千字
版　　次：2024 年 3 月第 1 版
印　　次：2024 年 11 月第 3 次印刷
定　　价：75.00 元

凡所购买电子工业出版社图书有缺损问题，请向购买书店调换。若书店售缺，请与本社发行部联系，联系及邮购电话：（010）88254888，88258888。

质量投诉请发邮件至 zlts@phei.com.cn，盗版侵权举报请发邮件至 dbqq@phei.com.cn。

本书咨询联系方式：zhuyumeng@phei.com.cn。

本书把分布式数字身份（Decentralized Identity，DID）技术作为 Web3 的关键基础模块和入口要件来进行探讨。目前，对 Web3 概念和内容的争议很大，同时，共识也越来越多。例如，一致同意 Web2 时代的发展顶峰已过，Web3 必将接过互联网发展的接力棒，它的范畴、理论、模型、规范、内容、技术等在实践中不断地被探讨和迭代更新。Web3 和 DID 的服务对象都是人类社会，二者若要担当大任，必然要在数字革命的浪潮中砥砺前行。正如当年简约的 TCP/IP 和 HTTP 一样，那些能够解决当下痛点问题，同时又能放眼未来、不完美的进步，往往会在激烈的竞争中脱颖而出。

本书将区块链技术作为常识处理，有阅读需要的读者请参考相关专业书籍。书中无意夸大任何一种规范或技术的价值和应用前景，只是尽可能地站在使用者的角度，介绍某个组织机构、某种规范或技术为分布式数字身份体系的某个环节提供的解决方案。

DID 作为一种全局唯一标识符，可以有效解决全局数据标识问题。同时，DID 不仅仅是一个标识符，而且是一套完整的标识符体系，它可以与其他数字对象配合，完整地解释和运用唯一标识符。这种基于分布式账本技术的身份解决方案也为全局标识符解决其他领域的问题提供了参考。

限于篇幅，本书无法对数字身份体系的全部话题进行深入探讨，只能抛砖引玉、提纲挈领地提出一些问题、观点和解决思路，供读者参考并继续思考与探索。

另外，SSI/DID 相关理论和实践迭代很快，本书尽量叙述较新且相对确定的内容。相信在不明朗的前景和不完善的环境下，先锋探索者们会获得更多、更大、更长远的机会。

由于编著者水平有限，书中仍有不足之处，敬请读者和专家批评与指正。

编著者

2023 年 8 月

CONTENTS 目录

第 1 章
数字身份概述

世界银行 2017 年度报告称：全世界有超过 11 亿人无法证明自己的身份。这个事实让人难以想象，身处一个信息技术如此发达的时代，身份似乎不是当今社会值得关注的问题。本章将简述身份的历史及最新发展，数字身份的发展史是人类身份发展史的缩影。

1.1　身份和数字身份

身份、身份识别、身份认证、身份授权是各类传统服务系统中的核心要素之一，是打开服务系统大门的钥匙，服务系统只有在确认了用户身份后，才能进行授权并提供相应服务。

身份要解决的根本问题是：我是谁？如何证明我是谁？

身份系统具有区分个体和证明资格[1]两大功能，也就是要在个体和行动之间实现一个绑定操作。例如，在校生 Bob 可以进教室听课。如果证明当前的个体是 Bob，同时证明 Bob 是在校生，那么 Bob 就可以进教室听课。

在数字时代，身份解决方案随着数字技术的发展持续升级，传统的纸质身份证明将被数字化的身份替代，简称数字身份。

数字身份既能够让世界上最贫穷的人群受益，也能够让弱势群体更容易获得教育、卫生、金融等关键社会服务。世界银行 2017 年度报告中提到的全球 11 亿没有身份证明的人可以通过获得数字身份来改变生活。

1.1.1　概念

1.　身份（Identity）

《韦氏词典》（*Merriam-Webster*）这样解释身份：the distinguishing character or personality of an individual，即个人的显著性格或个性。

身份是"与实体相关的属性集"，一个实体可以有多个身份，多个实体也可以具有相同的身份[1]。

乔·安德里厄（Joe Andrieu）认为，身份是指"我们如何识别、记住和回应另一个实体（Entity）"[2]。

这里的实体不仅指人类个体，任何物体甚至游戏中的装备都可以是实体并拥有身份。在物联网时代，不限于自然人、法人、组织、机构，还包括各种物体和抽象关系等，都具备了一定的人格特征，即以独立个体的身份与其他个体进行交互。在数字空间中，身份可以被赋予人类、自然物质和数字实体等。在物联网中，物体（如工厂设备、游戏中的人物或装备等）有了唯一身份后，就可以更有效地"沟通"，使数据质量有所提升，也更便于交易。

在日常生活中，常见的区分、验证个体身份的方法有如下几种。

第一种，根据个体与生俱来的天然独一特征区分，如生物指纹、虹膜、DNA、长相等。

第二种，根据个人相对独特的内容区分，如生日、住址、爱好、童年所在地、喜欢的人、毕业院校、昵称等。

第三种，根据个人持有的独特物品来区分，如工作证、门票、机票、智能卡、个人电话、会员卡、信件等。

一般来说，身份包含声明、证明和验证 3 个部分。

声明（Claim、Assertion）是由个人、企业或机构等发起的关于自主身份和资格的描述。例如，"我叫 Bob，出生于 2001 年 8 月 23 日（在 2019 年 9 月，我已年满 18 周岁）。2019 年，我被 EU（Example University，示例大学）录取，录取通知书编号是 871395"。

证明（Proof、Certificate）是某种形式的文件，为声明提供证据。例如，在通常情况下，Bob 的出生证、身份证、护照、驾照等权威资料都可以证明"Bob 出生于 2001 年 8 月 23 日"。

验证（Verify、Authenticate）是指第三方根据自己的需求确认某个主体的声明是真实有效的。例如，M 大学招生处需要验证 Bob 持有的护照是指定政府机构发布的且在有效期内，并且 M 大学的录取通知书是真实有效的。可以看出，对发证机关来说，实时验证是一个长期负担，相关资料需要长时间保留并随时提供验证服务。

再看一个验证场景，金融机构需要最大限度地了解客户的最新资料以便检查其资格和信用变化情况。在数字化普及之前，证明资料通常是以图片和纸质形式保存的非结构化数据，这意味着银行工作人员必须通过人工提取相关数据，规范化后再输入系统进行存储和处理。即使借助各类辅助工具，这也是一项容易出错的繁重且枯燥的工作。

某些形式的证据（如原始文件的复印件）很容易被伪造，这意味着机构必须采取额外的步骤（如使用专业鉴别系统、聘请专业鉴别人士、增加公证环节等）来证明资料的真实性和有效性，这必然导致更多的费用投入。在验证过程中增加这些费用昂贵、专业、耗时且枯燥的工作环节，也只是为了防范占比极少的作弊行为。

在传统身份系统设计过程中，要重点关注的个人身份信息（Personally Identifiable Information，PII），其要点如下[3]。

（1）个人身份信息使用数据确认身份。

（2）敏感的个人身份信息包括全名、社会统一号码（如居民身份证号码）、驾照、财务信息和医疗记录等。

（3）非敏感的个人身份信息可从公共来源轻松访问，如邮政编码、民族、性别和出生日期等。

（4）护照包含个人身份信息。

（5）社交媒体网站要求提交的信息被视为非敏感的个人身份信息。

在实际应用中，可将个人身份信息定义为允许直接或间接推断个人身份的任何信息。

敏感的个人数据需要更严格的处理准则，因为如果敏感的个人数据泄露，个人的风险会增加。以加密或密码保护的格式丢失的敏感个人身份信息也可能成为隐私事件。例如，如果加密或受密码保护的敏感个人身份信息，以及用于访问信息的"密钥"或密码被发送、展示给没有必要知道这些信息的人或个人电子邮件，这将被视为隐私事件。

2. 数字身份（Digital Identity, Identity of Digital Subject）

数字身份是现实世界中的事物（对象、实体、关系等）身份在数字世界中的映射与延伸，是一个数字主体（Digital Subject）对自己或另一个数字主体提出的一组声明。其中，数字主体是正在处理的数字领域中的具体人或物；声明（Claim）是对某些事情的真实性的断言或判断，通常是有争议或有疑问的[4]。

数字身份是实体社会中的自然人身份在数字空间的映射，是能代表数字主体身份属性特征集合的标记，在一定范围内用于唯一标记该数字主体，并且将之与其他数字主体区分[1]。

在数字世界中，通过数字身份将数字主体可识别的部分刻画出来，把复杂的群体分为可单独处理的数字主体，每个数字主体的关键属性和关系都赋予实际值，从而为抽象的概念赋予了一个个实在的生命和实例，让数字世界鲜活起来。

对互联网来说，数字身份的特殊意义在于弥补当年互联网架构设计中缺少身份层的"设计缺陷"。如无特别说明，本书中所说的"身份"等同于"数字身份"。

3. 卡梅伦身份七定律

2005 年，金·卡梅伦（Kim Cameron）提出了身份七定律，试图通过定义一个统一身份元系统（Unifying Identity Metasystem），为互联网提供身份层[4]。卡梅伦身份七定律成为构建数字身份系统的基石，其主要内容如下。

（1）用户的控制和同意（User Control and Consent）。

身份技术支持系统必须仅显示经用户同意的用于识别用户身份的信息。该系统必须赢得用户的信任。赢得这种信任需要一个整体的承诺，首先，必须通过方便和简单的方法来吸引人；其次，必须明确用户能够控制使用哪些数字身份，以及发布哪些信息；最后，系统必须保护用户，防止用户被诈骗、跟踪等。

（2）受限用途的最小披露（Minimal Disclosure for a Constrained Use）。

披露最少的识别信息并最大限度地限制其使用的解决方案是最稳定的长期解决方案。缺陷不可避免，为了降低风险，请求身份信息时应基于"知应知、留应留"的原则。身份识别信息在聚合的同时也聚合了风险，这意味着，若要最大限度地降低风险，就要最大限度地减少信息聚合。

（3）正当理由的当事人（Justifiable Parties）。

数字身份系统的设计必须使身份信息的披露仅限于给定的身份关系中具有必要和合理地位的各方。身份系统必须让其用户在共享信息时意识到与其进行交互的一方或多方。正当理由要求既适用于披露信息的主体，也适用于信息的依赖方，中介机构也面临建立信任结构的问题。这条定律的目的不是表明可能性的局限，而是概括我们必须意识到的动态。披露信息的每一方都必须向披露信息方提供有关信息使用的政策声明。

身份交互当事人及身份信息流动示例如图 1-1 所示。

（4）定向的身份（Directed Identity）。

通用身份系统必须支持供公共实体使用的"全向"标识符和供私有实体使用的"单向"标识符，从而发现与防止不必要的关联并处理释放。技术身份始终相对于某些其他身份或一组身份进行断言，也可以说身份是有方向的向量（Vector），而不是单一维度的标量（Scalar）。例如，护照阅读器是公共设备，但护照应该只回应受信任的阅读器，而不应向任何非法阅读器发出信号。

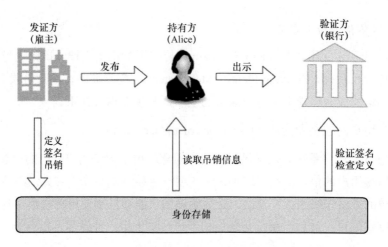

图 1-1　身份交互当事人及身份信息流动示例[5]

（5）运营商和技术的多元化（Pluralism of Operators and Technologies）。

通用身份系统必须引导并实现由多个身份运营商运营的多种身份技术的互通。当涉及数字身份时，这不仅是一个由不同方（包括个人本身）运行的身份运营商的问题，而且是拥有提供不同（甚至相互矛盾）特征的身份系统的问题。一个通用身份系统必须包含差异化，认识到每个实体在不同的背景下可能同时是公民、员工、客户、虚拟角色等身份，这意味着在统一身份元系统中必须存在不同的身份系统。这就需要一个简单的封装协议（一种共识并传输事物的方式），还需要一种通过统一的用户体验来显示信息的方法，该体验允许个人和组织在进行日常活动时选择适当的身份运营商和功能。统一身份元系统不能是另一个整体式组件，它必须是多中心的，也是多态的（Polymorphic，以不同的形式存在），这将促使身份生态出现、进化和自主组织。

（6）人与人的融合（Human Integration）。

统一身份元系统必须将用户定义为分布式系统的一个组件，通过明确的人机通信机制进行集成，并且提供针对身份攻击的保护。身份系统必须扩展到人类用户并整合在一起，用户绝对不希望在弄清楚与谁交谈或要透露哪些个人身份信息时出现意想不到的后果。仪式（Ceremony）用来描述跨越人类和控制论系统组件混合网络的交互——从 Web 服务器到人脑的完整通道。仪式超越了网络协议，以确保与用户通信的完整性。这个概念会深刻地改变用户的体验，使其变得可预测和明确，以便做出明智的决策。由于身份系统必须在所有平台上工作，所以它必须在所有平台上都是安全的，其安全属性既不能基于晦涩难懂、位于底层的平台，也不能使用罕见的软件或低采用率的技术来实现。典型案例如飞机的驾驶舱与空中交通管制之间的实时对话，各方都确切地知道塔台和飞机的期望，因此，即使存在大量的无线电噪声，飞行员和塔台也很容易挑选出通信的确切内容，也就是说，通道中的有限符号意味着通信具有非常高的可靠性。我们需要同样的有限符号和高度可预测的仪式来交换身份信息，需要注意，仪式不是"任何感觉良好的东西"，它是预先确定的。

（7）跨上下文的一致体验（Consistent Experience Across Contexts）。

统一身份元系统必须保证其用户获得简单、一致的体验，同时通过多个运算符和技术实现上下文分离。上下文身份是由雇主颁发的企业内的公共合作身份、由金融机构签发的信用卡身份、由政府颁发的公民身份等。为了实现这一目标，我们必须将数字身份"具象化"，也就是将它们转换成用户可以在界面上看到的"东西"，以方便添加、删除、选择和共享。我们必须对数字身份做个人计算机界面上代表文件夹和文档的统一图标和统一列表同样的事情。不同的依赖方需要不同类型的数字身份，单一依赖方往往希望可以接受一种以上的身份；而用户则希望了解他或她的选项，并且为上下文选择最佳身份。另外，用户体验必须防止用户同意中产生歧义，让用户理解所涉及的各方及其建议的用途。这些选项需要保持一致和明确，只有保持跨上下文的一致性，才能与人类系统组件以明确的通信方式完成此操作。

互联网巨头企业早已着手抢占身份领域的市场。谷歌和苹果等公司已经率先将生物识别技术作为一种身份认证形式，谷歌购买了虹膜扫描隐形眼镜的专利。自 2013 年推出 Touch ID 以来，苹果公司一直使用指纹身份验证。在连接终端设备和指纹扫描仪、隐形眼镜、面部识别设备之前，微软的身份概念自早期的微软 Passport 以来已经取得了重大进展[6]。

1.1.2　发展历史

克里斯托弗·艾伦（Christopher Allen）认为数字身份的发展经历了中心化身份（Centralized Identity）、联盟身份（Federated Identity）、以用户为中心的身份（User-Centric Identity）和自主主权身份（Self-Sovereign Identity）[6] 4 个阶段。

如果简单一点的话，数字身份也可以划分为中心化身份（Centralized Identity）、联盟身份（Federated Identity）和分布式身份（Decentralized Identity）3 个阶段。

联盟身份和以用户为中心的身份都是一种由中心化向非中心化过渡的身份，因为身份的掌控权还在某些中心化机构而不是分散在身份主体手中。由此可以更简单地将数字身份的发展分为中心化身份阶段和去中心化身份阶段两个阶段。

互联网从开始就注定没有哪个公司或身份机构可以掌控全部互联网用户的身份。

1. 数字身份1.0：中心化身份

中心化身份的特点是，多个单一机构分散管理，结果导致数据过分集中。

典型的中心化身份机构包括IANA、ICANN、CA等颁发机构。

在互联网早期，权威机构成为数字身份的发起者和认证者。其中，互联网号码分配机构（Internet Assigned Numbers Authority，IANA）是为互联网协议分配唯一参数的集中协调机构。IANA由互联网协会（Internet Society，ISOC）特许，是分配和协调众多互联网协议参数使用的信息交换所[7]。

另一个机构互联网名称与数字地址分配机构（Internet Corporation for Assigned Names and Numbers，ICANN）的职能是仲裁域名。

从1995年开始，证书颁发机构（Certificate Authority，CA）开始帮助互联网商业网站证明"我是谁"。CA是一种公司或组织，它通过颁发被称为数字证书的电子文档来验证实体（如网站、电子邮件地址、公司或个人）的身份，并且将其绑定到加密密钥[8]。

数字证书能提供如下功能。

（1）身份验证。通过充当凭证来验证颁发给它的实体的身份。

（2）加密。通过对传输内容进行加密，以通过不安全的网络（如互联网）进行安全通信。

（3）防篡改。传输使用证书签名的文档以确保文档内容的完整性。如果在传输过程中内容被第三方篡改，则可以使用签名技术检测出被更改的状态。

IANA确定IP地址的有效性，ICANN确定域名的有效性，CA证明身份的真实性，这都是典型的中心化身份管理模式。

在互联网和移动互联网发展成熟后，各大型互联网公司均储备了海量用户，这些用户的身份信息存储在互联网公司的服务器上。这种中心化的存储与使用带来用户隐私安全和系统间互通障碍两大问题。

英国信息监管局（Information Commissioner's Office，ICO）的伊丽莎白·德纳姆（Elizabeth Denham）表示："公民个人信息数据是极其私密的。当受委托的组织未能保护其客户数据免受损失、损坏，或者数据被盗时，客户的潜在损失更大。个人数据具有真正的价值，因此组织有法律义务确保其安全。"[9]

2014年，学者亚历山大·科根（Aleksandr Kogan）和他的公司Global Science

Research 创建了一个名为"这是你的数字生活"的 App，用户在进行心理测试后可以拿到酬劳。该 App 在收集心理测试数据的同时，还收集了用户的 Facebook 朋友数据。大约 27 万个拿了小钱的用户，自愿把个人信息交给亚历山大·科根，而他们的 5000 万个好友并不知道自己的信息被下载，但 Facebook 知道，并且授权了亚历山大·科根。通过这种方式，5000 万个 Facebook 用户的个人资料被挖掘出来。亚历山大·科根随后与剑桥分析（Cambridge Analytica）分享了数据，剑桥分析构建了一个软件解决方案，以帮助影响各类选举中参与者的选择。这就是著名的剑桥分析丑闻事件[10]。

2020 年 8 月，淘宝（中国）软件有限公司报警称，2020 年 7 月 6 日至 13 日，有黑客通过 mtop 订单评价接口绕过平台风控批量爬取加密数据。这期间平均每天的爬取数量为 500 万条，爬取内容包括买家用户昵称、用户评价内容等敏感字段。后经司法鉴定，犯罪嫌疑人通过其开发的软件爬取淘宝用户的数字 ID、昵称、手机号码等信息共计 1180738048 条[11]。

2018 年 9 月，英国航空公司表示其网站和手机应用程序遭黑客攻击，包括用户的姓名、住址、信用卡信息等在内的约 38 万笔网上支付信息被泄露。英国信息监管局调查后表示，泄露事件自 2018 年 6 月就已开始，英国航空公司的安全监管措施不力，才导致如此多的用户信息遭到泄露。英国信息监管局对英国航空公司开出了总额为 1.8339 亿英镑的罚单[12]。

英国信息监管局因为 2018 年的客户数据泄露事件给万豪（Marriott）开出了约 9900 万英镑的罚单[13]。在那次事件中，有 3.39 亿名客户的记录遭到泄露，有超过 500 万个未加密的护照号码被盗。时隔不到两年，万豪旗下的连锁酒店又发生了客户数据泄露事件，导致 520 万名客户的信息泄露[14]。

以下列举了更多公开报道的较大数据泄露事件[15]。

（1）雅虎保持着有史以来最大的数据泄露纪录，约有 30 亿个账户受损。

（2）2019 年，第一美国金融公司（First American Financial Corp.）在网上暴露了 8.85 亿条记录，包括银行交易、社会保险号等。

（3）2019 年，Facebook 在亚马逊云服务器上暴露了 5.4 亿条用户记录。

（4）2016 年，AdultFriendFinder 的网络被黑客攻击，暴露了 4.12 亿名用户的私人数据。

（5）Experian 旗下的 Court Ventures 于 2013 年无意中将信息直接出售给了越南的欺诈服务机构，涉及多达 2 亿条记录。

企业数据泄露的可能原因如下。

（1）外部人员恶意入侵：通过木马程序盗取账号或者发起 SQL 注入等方式

入侵核心数据库。

（2）企业管理人员泄露：企业内部高权限用户如系统管理员、数据库管理员（DBA）等角色，在日常工作中可以接触到系统的大量信息甚至完整的数据库信息，他们可能疏忽大意导致数据泄露或在利益驱使下复制数据。

（3）操作人员泄露：业务操作人员在开展业务时，会接触到身份证、护照、手机号码、银行卡号、家庭地址等私密信息，也存在信息泄露风险。

除安全风险外，各个系统的身份数据在应用层是完全隔离的。跨系统或跨机构的安全互通成本非常高，或者出于商业壁垒考虑人为造成障碍，这就是系统间的身份互通障碍，如谷歌用户无法使用 MSN 资源。造成身份数据互通障碍的原因是各个应用系统的身份是先于一个统一身份而"随意"建立的。如果要把统一身份植入每个应用系统中，则需要巨大的开发和协调工作量。

互联网最初的目标是计算机跨网络共享信息和资源，在用户量和网络站点规模有限时，身份并非关键问题。由于互联网在构建时没有身份层，所以无法知道一个实体正在连接到哪个实体。黑客技术（Hacker Technology）可以更改计算机的硬件 MAC 或 IP 地址，这意味着网络级标识符不值得信赖。金·卡梅伦（Kim Cameron）在 2005 年谈到互联网缺失身份层时说道："如果什么都不做，人们将面临迅速激增的盗窃和欺骗事件，这将逐渐侵蚀公众对互联网的信任。"随着互联网成为人类生活必不可少的基础设施，身份层缺失导致的安全问题也愈演愈烈，这个"预言"已经被大量事实验证，这使得人们必须从更深的层次解决身份层缺失问题。

2. 数字身份 2.0：联盟身份

联盟身份阶段是一个过渡阶段，最终超级节点的出现，促使形成了另一种形式的数据集中和割据。

分层是最常见的软件架构设计方法之一，现实生活中的各种中介机构是解耦多对多关系的应用实例。从架构角度看，身份联盟就是一种中介机构。

最简单的联盟身份是企业内部的单点登录（Single Sign On，SSO），只需要登录一次，就能够访问多个应用系统。

1999 年，微软 Passport 提供了第一个联盟身份。微软 Passport 通过让消费者使用单个用户名和密码登录各种站点，迈出了虚拟化用户身份的第一步[16]。

联盟身份模型中涉及的三方关系如图 1-2 所示。

2022 年，社交网络开始允许用户使用其现有的社交身份登录其他网站或移动应用，Facebook、LinkedIn、Twitter、微信、支付宝等身份被广泛采用[16]。当前许多网络资源允许使用社交身份验证，消费者可以通过他们所选的社交身份登录网站和移动应用。

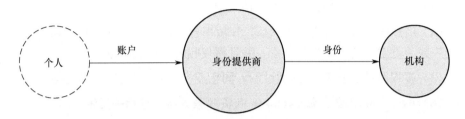

图 1-2 联盟身份模型中涉及的三方关系[17]

当前广泛使用的 OAuth2.0 框架，就属于数字身份 2.0 时代的作品。

OAuth2.0 在"客户端"与"服务提供商"之间设置了一个授权层（Authorization Layer）。客户端不能直接登录服务提供商处，只能登录授权层，以此将用户与客户端区分开来。客户端登录授权层所用的令牌（Token）与用户的密码不同，用户可以在登录的时候指定授权层令牌的权限范围和有效期。这样，在客户端登录授权层以后，服务提供商根据令牌的权限范围和有效期，向客户端开放用户储存的资料使用权限[18]。

某即时通信软件使用 OAuth2.0 授权登录第三方应用流程如图 1-3 所示，其过程简述如下。

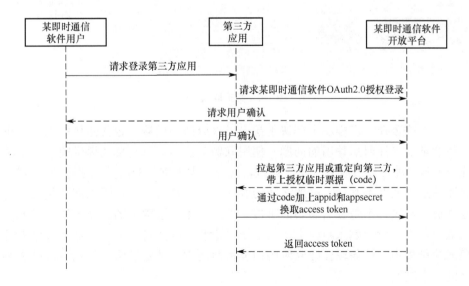

图 1-3 某即时通信软件使用 OAuth2.0 授权登录第三方应用流程

（1）某即时通信软件用户向第三方应用发出"登录"请求。

（2）第三方应用向某即时通信软件开放平台请求 OAuth2.0 授权登录。

（3）开放平台请求用户确认登录请求信息。

（4）用户向开放平台完成确认后，开放平台向第三方应用发出"拉起第三方应用"或"重定向第三方"的请求，并且授权临时票据（code）。

（5）授权服务器验证 code 通过后，同意授权，并且返回一个 access token。

（6）第三方应用通过 access token 向资源服务器请求相关资源。

（7）资源服务器验证 access token 后，将第三方应用请求的资源返回。

从整个过程来看，用户对数据的控制能力非常弱。一方面，需要通过 OAuth2.0 授权登录（具有授予证书的权利，即许可授予权）；另一方面，Access Token 是需要向开放平台换取的[19]。

身份联盟是包括一个或多个共享用户访问权限的系统，允许用户在联盟中的一个系统（一般是有资金和技术实力且使用普及度高的巨型系统）完成身份认证后登录联盟中的其他系统，如图 1-4 所示。多个系统之间的信任通常被称为"信任圈"。

为了简化普通用户认证互联网身份的复杂流程，社交网站登录按钮迅速增加

图 1-4　身份联盟[17]

身份联盟在一定程度上解决了身份过度分散的问题，也就是传统上进入每个系统都要先注册后使用的问题。使用联盟身份后，只需要在提供验证的系统注册一次，就可以授权登录多个系统，省去了大量重复的用户注册环节，但是，联盟体系之间并不互认。联盟之间的吞并、合并甚至合作，因为涉及巨大的商业利益，从来都不是轻而易举的事情。于是，用户基数大的公众系统，因为马太效应，用户量会越来越庞大，基于结果来看，联盟身份事实上会造成更大规模的身份集中，这与联盟建立时的初衷背道而驰，注定了联盟只是身份发展史上的一个过渡。

3.　数字身份 3.0：自主主权身份

自主主权身份的特点是个人完全控制，即分布式（去中心化）身份。

2014 年，人们看到了下一代数字身份的逐渐崛起。随着数字身份 3.0 的出现，消费者的真实身份与他们的虚拟生活越来越紧密地交织在一起。除了社交身份，数字身份 3.0 还包括下一代身份验证方法、增强的安全性、新协议和身份的创新应用。

回顾增强社交网络（Augmented Social Network，ASN）和身份共享项目（The Identity Commons）有助于理解数字身份 3.0 的发展脉络。

2003 年 6 月，肯·乔丹（Ken Jordan）、扬·豪瑟（Jan Hauser）和史蒂文·福斯特（Steven Foster）在 PlaNetwork 会议上发表的一篇论文中提出了增强社交网络[20]，为创建新一代互联网提出了新的数字身份标准。ASN 白皮书中建议，在互联网的架构中建立"永存的在线身份"，提出了"每个人都有控制自己数字身份的权利"的假设。ASN 小组认为，微软 Passport 或其他联盟身份均无法实现这些目标，因为"基于商业驱动"主要考虑将信息私有化和留存这些客户，21 世纪第一个 20 年，数字身份的发展已经验证了 ASN 小组的远见卓识。

当初创建 ASN 的目的是在互联网的架构中建立身份和信任，以促进社交网络中共享的亲和力，以及能力互补人群之间的引荐[21]。

ASN 的 3 个主要目标如下。

（1）创建一个互联网范围的系统，使人们能够跨越机构、地理和社会界限，更有效地分享知识。

（2）建立一种持久的在线身份形式。

（3）提高参与者围绕实践社区中的共同利益建立关系和自主组织的能力。

ASN 的 4 个主要元素如下。

（1）永久的身份。自主控制的永久身份使在线个人能够在不同互联网社区之间移动时保持持久的身份，并且对该身份进行个人控制。

（2）在线社区之间的互操作性。人们应该能够轻松地在线上社区之间穿梭，就像在生活中人们可以从一个社交网络转移到另一个社交网络一样。

（3）代理关系。使用基于数据的信息，在线经纪人（代理人，被授权代表实际拥有者进行各类操作的人）应该能够促进具有共同亲和力、互补能力并寻求建立联系的人之间的引荐。

（4）广泛且强大的技术。匹配技术需要足够广泛和强大，以包含关于公共利益问题的全面讨论。

显然，建立对该系统的信任对其成功至关重要。为此，ASN 的实施必须以支持这种信任环境的原则为指导。这些原则如下。

（1）开放标准。要使这一制度得到广泛采用，它就必须是透明的，以便所有采用该制度的实体都能合理地确信其可信度。这意味着系统使用的软件代码应该是非专有的和免费的，并且编写软件的过程和制定的标准应该接受最高级别的审查。

（2）互操作性。人们的愿景是建立一个拥有更多桥梁和更少壁垒的互联网，个人可以在各社区之间轻松"旅行"。

（3）包容性。ASN 必须是价值中立、开放和包容的。

（4）尊重隐私。ASN 必须确保每个在线的人的私人信息都是保密的，并且在个人不知情和没有明确许可的情况下，政府和商业利益集团都不会以任何方式使用这些信息。

（5）去中心化。当系统不是自上而下地被命令，而是自下而上地出现时，互联网的运作效果最好。

身份共享项目最重要的贡献是与身份协会共同创建了互联网身份工作室（Internet Identity Workshop，IIW），IIW 提出了多个去中心化身份的想法。IIW 针对以服务器为中心的集中认证授权模式提出了一个新名词：以用户为中心的身份。IIW 最初的讨论集中在创造更好的用户体验，强调把用户放在第一位和以用户为中心。"以用户为中心"是 21 世纪初很时髦的企业愿景或口号，然而，以用户为中心的定义很快就扩展到用户希望对身份有更多的控制权、去中心化的信任等。以用户为中心的方法倾向于关注用户授权和互操作性两个要素。通过授权和许可，用户可以决定从一个服务到另一个服务共享一个身份[6]。

与金·卡梅伦（Kim Cameron）提出的数字身份七定律一样，ASN 当年的设想和身份共享项目等都为后续诸多身份项目的开发提供了思想上的指导。

2005 年，布拉德·菲茨帕特里克（Brad Fitzpatrick）开发了 OpenID 协议的第一个版本。2007 年 12 月 5 日，OpenID 验证规范 2.0 和属性交换规范 1.0 发布[22]。OpenID 提供了一种尝试，即用户注册自己的 OpenID，然后自主使用。表面上看用户拥有了自主主权身份的优势，其实这个 OpenID 随时可能被 OpenID 提供者剥夺。例如，Facebook 公司（2021 年更名为 Meta）的 Facebook Connect 就有随意关闭用户账户的"黑历史"，并且不仅 Facebook 一家公司存在这样的黑历史，这意味着用户并不能真正拥有属于自己的身份。

　　用户想要的是个人身份的真正自主主权，真正自主主权意味着用户成为自己身份的支配者，而不是仅参与身份认证过程，更不会被机构停止服务，哪怕机构有"充分"的理由这样做。人类身份如指纹、虹膜等个体标识物，是人类个体在社会生活中的一个客观存在，不能被"拿走"或"关闭"，但身份的相关证照（Proof、Certificate）可以被吊销，声明（Claim）也可以被否认。

　　2012 年 2 月，德文·洛夫雷托（Devon Loffreto）发表了关于"*Sovereign Source Authority*"的文章，展示了一种解决自主主权身份的方法，即使用密码学保护用户的自主主权和控制权。2012 年 3 月，帕特里克·迪根（Patrick Deegan）开始研究 Open Mustard Seed，这是一个开源框架，使用户能够控制他们的数字身份和去中心化系统（Decentralized Systems）中的数据。这是大约同时出现的数个"个人云"计划中的两个[6]。所有的创新和努力，都成为数字身份 3.0 发展的基石。

　　自主主权身份的核心观点是用户必须是身份管理的中心。这不仅需要在用户同意的情况下实现跨区域身份的互操作，还要求用户对该数字身份进行真实控制，从而实现用户的自主主权。要做到这一点，一个自主主权身份必须是全局唯一的、去中心化的。

　　自主主权身份系统必须允许任何用户都可以提出可验证的声明，声明可以是能力信息、职业信息、学历信息等，也可以是包含有关其他实体声称的信息。

　　在人类文明社会生活中，成熟的身份认证方式就是身份证、学位证、婚姻关系证明等权威机构发布的带有一定防伪手段的证照，原件掌握在身份主体手中，只在必要的场合下展示内容即可。复制一份数据，如抄写、复印、拍照、扫描、打印等获取证照档案信息的方式是实现信息聚合最有效的方式。同时，信息泄露风险就是在这些习以为常的活动中逐渐积累的。

　　当人类文明进入信息化时代后，主体的身份数据却不真正属于自己，这是一件违反文明进化常识的事。

　　数字身份的模式经历了从中心化到联盟化的演变。在中心化阶段，数字身份由多个平台分散管理，在互操作性、可移植性、身份自主可控性、安全隐私性等方面都有很大的局限。在联盟化阶段，数字身份由身份供应商管理，显著地提高了身份的易用性。

　　分布式数字身份将在数字空间中建立凭证颁发者、持有方和验证方之间的信任三角，完成从现实世界到数字空间的可信映射，从而构建数字空间的可信关系。

　　将身份和数据控制权交还给用户，让用户按照自己的意愿去处理自己的身份和数据是分布式数字身份体系最大的特点。分布式数字身份所带来的自管理性、隐私保护能力及便捷性将在以后的应用中发挥更大的作用。当然，分布式数字身份系统涉及的理论、技术都将超越以往的身份系统。图 1-5 表达了身份拥有者主导的身份系统构想。

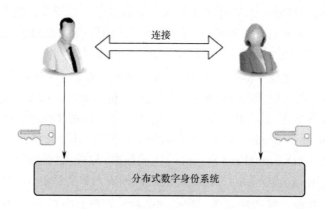

图 1-5　身份拥有者主导的身份系统构想

随着以区块链为代表的去中心化存储与交易技术的成熟，自主身份的落地成为可能。

在法律方面，《通用数据保护条例》（*General Data Protection Regulation*，GDPR）于 2018 年 5 月 25 日正式生效。GDPR 统一了欧盟成员国关于数据保护的法律法规，从法治上促进了自主身份在理论和实践上的进步。

1.1.3　数字身份与区块链

经济学家布莱恩·阿瑟在《技术的本质》一书中说："技术总是进行着这样一种循环，为解决老问题去采用新技术，新技术又引发新问题，新问题的解决又要诉诸更新的技术。人们内心的不安和焦虑就源于对这种循环无休止进行下去的恐惧。"

当新技术、新观念出现时，人们总是更多地关注它解决了以前的什么"痛点"问题，而较少去考虑甚至故意忽略它带来的新问题，这是普遍规律。对每个新方向或新技术都需要权衡利弊。一般来说，非技术群体往往出于商业利益的目的而更乐于鼓吹、夸大新技术解决了什么问题。

简单地说，数字身份让每个人类个体都可以无条件地获得永远属于自己的身份标识，同时提高了社会身份管理的复杂度。

区块链（Block Chain）本质上是一种带时间戳的新型数据库，相对于其他各类数据库来说，区块链是一个另类，它只能以追加模式（Append）新增数据，而没有修改和删除操作；或者说，除了追加区块操作，它是只读的。

对分布式数字身份系统来说，区块链提供了一个去中心化存储的核心组件，让分布式数字身份更容易落地。

图 1-6 为区块链整体技术架构。区块链中的安全机制在分布式身份系统中也普遍使用，不可篡改账本、数字资产、可编程合约等应用为身份系统的应用研发提供了参考，性能提升关键技术也因分布式身份的推广而得到进一步加强，可以认为，分布式身份是区块链的一个应用场景。

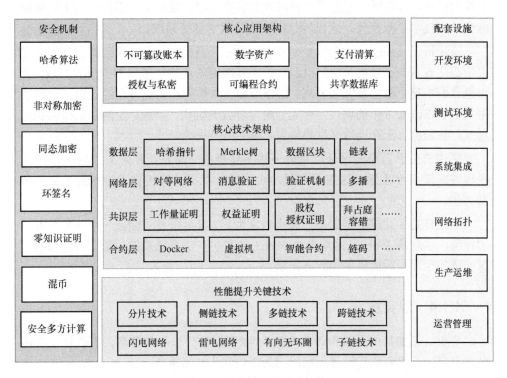

图 1-6　区块链整体技术架构

下面简单介绍几个区块链相关的概念。

（1）非对称加密（Asymmetric Cryptography）：非对称密码学是密码学的一个分支，其密钥分为公钥和私钥。顾名思义，公钥可以提供给任何人，而私钥必须保密。常见的非对称加密算法有 RSA、Elgamal、背包算法、Rabin、D-H、ECC（椭圆曲线加密算法）等。非对称加密为身份证明提供了方法。

（2）哈希算法（Hash Algorithm）：哈希算法是一种数学算法，它可以将消息压缩为固定长度。由于消息或算法中的任何更改都会引起很大变化的值，所以当对原始消息的计算过程执行完毕后，无法在计算结果数据中撤销此计算过程并恢复原始消息。哈希算法可以为消息的完整性提供保障。

（3）共识算法（Consensus Algorithm）：共识算法是计算机科学中的一个过程，用于在分布式数字身份系统之间就单个数据值达成一致。共识算法旨在实现多节点网络的可靠性。共识问题在分布式计算和多代理系统中非常重要，为基于算法的信任框架提供了思路[23]。

区块链的设计理念与众不同，它是个人而不是某个机构实际拥有数据或任何交换的信息，这实质上宣告了某种形式的自主主权，带来了一系列自主主权的思维变革和技术更新换代。这里就包括分布式数字身份系统。

以比特币（Bitcoin）和以太坊（Ethereum）为代表的公共区块链已经证明了去中心化方案是有效的，它们已经对整个互联网产业产生了里程碑级的影响，并将继续影响整个数字领域的发展。比特币和以太坊的稳定运行已经证明了全球加密货币可以改变货币的属性，智能合约可以改变机构、企业、金融和法律的执行形式，物理世界正在向数字世界进发，并且加速融合。

区块链由于自身的设计，目前还达不到传统交易系统和未来 Web3 中的大规模并发量或吞吐量，这需要在图 1-6 中的性能提升关键技术领域投入更多研发力量。

区块链是如此深刻地影响了整个数字世界，甚至引发了创造一个新数字世界的行动，也就是 Web3。区块链为 Web3 的数字身份系统赋能，数字身份系统为区块链的全面发展提供各类业务需求。

1.1.4　现实意义

身份认证的目的是获得"我是谁""我可以做什么"的答案。身份认证有两个方向：一是"真我"畅行无阻；二是"假我"寸步难行。

身份认证的主体，已经从过去的人类个体身份确认，扩展到了社会组织（公司、社团、政府等）和社会关系的确认，在物联网时代更是扩展到实体和实体间的关系。

随着数字化更广泛地融入现实生活，数字身份必然会影响需要身份的所有现实场景，这可以概括为以下几个方面。

1.　优化社会治理

数字身份进入国际政策领域在很大程度上是因为欧洲的难民危机让许多人因逃离而缺乏公认的身份。这是一个长期存在的国际问题，由于缺乏国家权威机构颁发的身份证明，所以外国工人经常被工作地所在的国家滥用[24]。

数字身份 3.0 可以让每个人都拥有全球唯一的"身份"，这将是人类文明的一大进步。

艾伦·埃泽尔（Alan Ezell）和约翰·贝尔（Bob Bear）在他们的著作《学位工厂：出售超过百万张假文凭的数十亿美元行业》（*Degree Mills: The Billion-Dollar Industry That Sold Over Million Fake Diplomas*）中估计，每年在美国购买的假博士学位（50000 个）比真正的博士学位（45000 个）还要多。数字身份 3.0 可以有效解决这一难题。

无论过去因为何种原因而没有身份，在数字身份 3.0 时代都可以轻易获得身份。当一个实体和一个身份绑定时，就是这个实体治理的开始，特别是可以在数字空间中记录行为。

2. 促进经济发展

数字身份有助于求职者和企业有效地参与人才匹配计划，以提高招聘效率，让雇主能够快速找到雇员，让求职者找到更适合自己的职位。

数字身份可以提高人才匹配平台上信息的可靠性，减少注册和创建个人资料的摩擦，增加个人和企业的互信，从而降低风险。

数字身份将带来个人信用的数字化，为信用评级机构带来更翔实可靠的信用数据，为个人带来更有利的信用评级。

数字身份普及过程将带来巨大的开发与实施工作量，为 IT 及相关行业带来新的工作投入，增加新工作岗位。

同时，数字身份也将为物联网赋能，有助于提高物联网大数据质量，提升科技水平和经济发展质量。

3. 推动文明进步

数字身份能够促进诚信社会建设。数字身份既能有效地保护个人隐私，又可以更准确、多维度地统计交易数据，也给相关监管部门带来崭新的工作模式。结合数字身份的人工智能将获得更大规模、更大范围的深入使用，针对个人的人工智能将发挥更大的作用，如为个人提供定制化服务。

数字身份 3.0 使得上市企业、公共服务组织机构的运营更大限度地处于公众视野之下，个人行为也变得更加有迹可循，为有效减少纷争、防止不法行为、提高社会运行效率发挥重大作用。

去中心化技术的影响是如此深远，甚至直接引领一场网络革命，使得互联网加速进入 Web3 时代。

1.2 数字身份与 Web3

探讨数字身份 3.0,就不得不提及 Web3。

蒂姆·伯纳斯·李(Tim Berners-Lee,World Wide Web 的发明者)认为,Web 是人和人连接成的网,而不是机器和机器,或者文档和文档连接成的网。区块链是 Web3 的基石,数字身份 3.0 是打开 Web3 大门的钥匙。数字身份 3.0 是 Web3 的必要组成部分,但数字身份 3.0 可以不依赖 Web3 而独立存在。

1.2.1 Web 发展史

如同数字身份从 1.0 发展到 3.0,Web 的发展也经历了 3 个阶段。

蒂姆·伯纳斯·李于 1989 年 3 月 12 日提出了一个信息管理系统,然后在同年 11 月中旬通过互联网在超文本传输协议(HTTP)客户端和服务器之间实现了第一次成功的通信[25],从此开启了 Web 时代。这就是 Web1.0,是以静态网页为主要形式的时代。使用者可以从网络上搜索大量信息,但以只读信息为主,以雅虎及各类门户网站为代表。

1999 年,博客迅速兴起,从家庭厨师到编码极客,每个人都开始了他们的第一个博客。与此同时,网络世界非法收集了大量的数字音乐,Napster 和 Metallica 发生了史诗级冲突[26]。这意味着 Web2.0 悄然兴起,其主要特点是用户参与与信息互动,以社交平台 Facebook、Twitter 为代表,特别是在移动互联网逐渐成为主流后,移动设备上的各类通信 App 正式开启了 Web2.0 时代。

2009 年 1 月 3 日,中本聪(Satoshi Nakamoto)在一台普通计算机上开采了 0 区块(Genesis Block),从而开启了"新矿工"时代。区块链只不过是多项成熟计算机技术的融合进化,却引发了数字世界的超级海啸,甚至开启了一个 Web 新时代,即 Web3。Web3 的主要特征是价值融入,交易的主要媒介物货币和货币的所有者身份被根植于数字世界。

2014 年,以太坊创始人加文·伍德(Gavin Wood)在一篇博客中提出 Web3 的概念。这是一种全新的互联网运行模式,信息由用户自己发布、保管,不可追溯且永不被泄露,即"去中心化的网络"。伍德认为,身份数据集中化的模式不是数字身份的长期解决之道。

特斯拉(Tesla)CEO 埃隆·马斯克(Elon Musk)认为,"Web3 现在更多的是营销流行语而不是现实"[27]。区块链技术分析师大卫·杰拉德(David Gerrard)

也认为，"Web3 是一个没有技术意义的营销流行语"[28]。

康奈尔大学（Cornell University）教授詹姆斯·格里梅尔曼（James Grimmelmann）认为，"Web3 是雾件（Vaporware，指已广泛宣传但尚未推出且可能永远不会上市的与计算机相关的产品），是一个承诺的未来互联网，可以解决当前互联网人们不喜欢的所有问题，即使它是矛盾的"[28]。区块链以新的方式解决了一些难题，最终会进入互联网构建的工具包，但这并不意味着下一代互联网将围绕它构建。

1.2.2　Web3 的定义

综上所述，第一代互联网使用者参与度较低，其身份可以忽略。第二代互联网使用者参与度较高，使用者之间可以实时交互，其身份是可选的。Web3 可以简单地表述为第三代互联网，其身份是必要模块。

Web3 是一个术语，描述了一个建立在区块链上的未来互联网[29]。

Web3 也被称为 Web3.0，它的主要特征是消除了 Web2.0 时代的集中机构和"守门人"（如主要搜索引擎和社交媒体平台）的需求和功能[30]。

剑桥大学贝内特公共政策研究所（The Bennett Institute for Public Policy）将 Web3 定义为"假定的下一代网络技术、法律和支付基础设施，包括区块链、智能合约和加密货币"[31]。

在区块链风靡世界之前，Web3 的概念更接近于蒂姆·伯纳斯·李（Tim Berners-Lee）提出的"语义网""全球大脑"和"万物互联"，也就是计算机能读懂任何信息、人工智能负责筛选更好的信息，以及互联网将无处不在。

Web 从构思到广泛使用，一直把开放和去中心化放在第一位。Web 的各种协议都是公开的，保证 Web 的功能跟硬件平台无关；而中心化只是一个必然的过渡阶段。

如今，Web3 的主题是将控制权从少数科技巨头企业手中返还给个人，强调一个用户能对自己的身份和数据拥有更多控制权。或者说，Web3 是一个真正去中心化的互联网。目前来看，区块链具有去中心化、可信任和防篡改的特性，是让每位使用者掌握自己数据和身份的工具。

以太坊技术核心贡献者之一乔什·史塔克（Josh Stark）认为，相比于 Web2.0 时代，Web3 时代的核心更多地围绕"控制"。Web3 是一组旨在重构互联网控制权的技术，是传统互联网人对当下互联网垄断势力的反击，代表着极客对互联网的理想主义追求。在 Web3 时代，货币将成为互联网的原生功能，从而解锁许多新的商业模式，包括中介贷款和低成本跨境汇款等。

对 Web3 的无限期望并不妨碍许多不同观点的出现，Twitter 前 CEO 杰克·多尔西（Jack Dorsey）认为，Web3 的实际拥有者是项目背后的风投机构（Venture Capital Institutions）及其有限合伙人（Limited Partner），而不是每一位使用者。他表示，Web3 永远不能逃离他们的激励，最终会成为一个带有不同标签的中心化实体，用户实际上并不能拥有 Web3。

1.2.3　Web3 的特点与优势

Web3 有别于上一代的关键特征是"身份"，人人具有平等、私有的身份控制权，身份和目前主流的分布式（去中心化）服务提供者紧密相关。

让众多传统互联网厂商对 Web3 不屑一顾的关键点是，其不依附于任何一个中心网络服务商（如域名、服务器等）存在、去中心化存储、分布式共识，这些特征让 Web3 描述的数字世界过于分散，让盈利模式模糊不清，让已习惯了从行业或领域垄断中攫取利益的厂商难以接受。

蒂姆·伯纳斯·李在万维网（World Wide Web）诞生 30 周年之际提出了目前互联网存在的三大问题：一是故意、恶意的企图（如黑客行为）；二是建立不当激励、牺牲用户价值的系统设计（如标题党）；三是仁慈设计产生的意外负面结果（如网络语言暴力）。在 Web3 的世界里，这些问题将会更加严重。

Web3 在很多方面仍然是理论性的，并且具有相当陡峭的学习曲线。目前，任何想要进入 Web3 世界的人都必须学习区块链和加密货币技术，这不是每个人都想采取的步骤[32]。除此之外，进入 Web3 世界还需要至少一个全局唯一的身份。

Web3 试图实现一个权威性更弱、业务执行自动化程度更高的世界[30]。Web3 把精细化的数字世界和精致的现实世界相结合。

腾讯幻核于 2021 年 8 月上线，运行一年后终止。这在一定程度上预示着 Web3 公司可能遭遇的风险，也是所有 Web3 创业者和参与者都必须面对的现实。Web3 时代，绝不是互联网巨头推出一个新应用程序，然后大做广告就可以在市场上呼风唤雨的时代，这个结论对整个互联网行业的发展来说是个好消息，打破僵局需要新思想。

在 Web3 世界中，参与者之间的互动模式对行业的未来发展会产生巨大的影响。正如浏览器（Netscape、Internet Explorer、Google Chrome、Firefox 等）是 Web1.0 的入口战场，移动 App（Facebook、Instagram、Spotify、微信、抖音等）是 Web2.0 的流量获取战场，那么 Web3 的主战场会是什么？是身份和身份的附属物（如钱包、收藏、游戏装备等）。在数字世界里，负责收纳个人有价物品数字凭证的数字钱包代表个人价值。

Web3 的出现，从根本上为数字世界嵌入了个人价值要素及其转移方法，重启了人们对数字身份的重视。如果人们在构建 Web3 之初为其赋予一个全新的身份层，那将为更大规模的创新铺平道路。

Gartner 的分析师阿维瓦·利坦（Avivah Litan）认为，Web3 创新将把互联网带入新的领域，并且产生以前不可能实现的应用程序。Web2.0 在规模、客户服务和客户保护方面仍然具有优势。潜在的 Web3 风险包括缺乏客户保护、新的安全威胁，以及回退到集中控制，因此，在取代 Web2.0 应用程序之前，Web3 应加强安全治理和风险管理[30]。

元宇宙（Metaverse）和 Web3 经常被混为一谈或放在一起进行对比，它们描述了不同但相关的概念。元宇宙更倾向于表述一个虚实相融的新世界，人们期待在元宇宙中生活、工作、娱乐，参与所有类型的社交活动。Web3 则更强调去中心化的协议和技术堆栈，更侧重即将实现的新社区和新经济，更强调自己是下一代互联网。

也有观点认为元宇宙和 Web3 都是下一代互联网，因此元宇宙与 Web3 是同一事物的不同维度。无论如何，Web3 在学术上和通俗意义上都更容易被人们接受。这里更倾向于 Web3 这种表述，在两个概念的关系上不做深入探讨。无论是元宇宙还是 Web3，从整体架构上看，数字身份层都是不可或缺的，用户真正拥有的数字身份是 Web3 和元宇宙的入场券。

分布式数字身份只是理性思考与技术实践后的生活化回归。

Web3 技术特点[30]如下。

（1）保护隐私：值得信赖的链下计算与链上智能合约集成。

（2）跨链互操作性：使资产能够在隔离的区块链之间轻松移动。

（3）中间件抽象层：使开发人员更容易地实现可移植应用程序。

（4）可扩展的解决方案：可消除主要基础级区块链（如以太坊和比特币）的计算负担。

（5）分布式、持久、安全的存储系统：用于连接到区块链的链下数据。

（6）其他技术，如保护机密信息的零知识证明等隐私保护协议，以及可以为 NFT 注入智能的人工智能模型。

网络科技的迅猛发展让人们可以更多地参与数字生活，新生活方式在解决旧问题的同时必然带来新问题。

区块链领域最显著的现象就是它带给早期参与者惊人的红利，并且越是后来的参与者拿到的激励就越少。这种"激励机制"客观上促进了初期的商业推广，同时也成为长远发展的绊脚石。这意味着新系统从启动的那一刻起，就在等待被众人抛弃的那一刻的到来，这并不符合 Web 的开放精神。

互联网是 20 世纪人类最重要的发明之一。经过几十年的发展，互联网已成为人类社会信息流动的最大媒介，深刻影响了经济、金融、媒体、教育、社会关系互动等领域，特别是人与人之间的实时互动开始跨越时空。这在移动互联网普及之前是一件奢侈到无法想象的事。互联网同时带来的问题是，人类的经济活动越来越多地从现实世界的物质实体转移到数字世界的二进制字节中，但人们对自己的在线身份仍然缺乏真正的所有权，"身份"一直像瓦砾一样，被随意码放在互联网巨头企业的服务器中。

在一片质疑声中，大量的先驱企业已经涌入 Web3 新时代掘金，Web3 社会景观（2022 年）如图 1-7 所示。

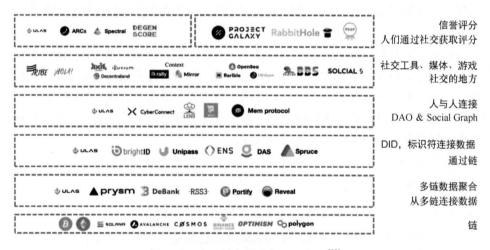

图 1-7　Web3 社会景观（2022 年）[33]

对于新技术，反对者和追捧者终将有一天会势均力敌。没有人可以阻挡技术进步的车轮，某些缺陷即使暂时被遗忘甚至被雪藏，多年后依然要被迫面对，就像正在被解决的身份问题。时代的发展从不停息，只要问题还没有解决，猜想还没有被证明，思考和探索就不会停下脚步，无数现在看起来不可逾越的壁垒、障碍，那些关于美好生活的幻想，未来某一天终将会是日常生活的组成单元。

不管人们如何评价和猜测，或反对或同意，Web3 始终是一个确定的方向，必然会到来。即使无法明确哪些是 Web3 的必要技术，数字身份却是一个必须面对的实际问题，毕竟人类在虚拟空间中的活动时长将很快超过在现实世界中的活动时长。

随着互联网升级到 Web3，数字身份也一起进入 Web3 时代。

1.3　自主主权身份

Web3 从根本上嵌入了交易，而交易的基础是确定的个体，这样就重启了创建强大身份系统的需求，让建造者们不得不重新面对古老的身份问题。于是，自主主权身份应运而生。那么，什么是主权？《韦氏词典》中这样解释主权（Sovereign）：

（1）拥有或被认定拥有最高政治权力或主权的人（one possessing or held to possess supreme political power or sovereignty）。

（2）在有限的范围内行使最高权力（one that exercises supreme authority within a limited sphere）。

（3）公认的领导者（an acknowledged leader）。

1.3.1　概念

自主主权身份（Self-Sovereign Identity，SSI）指身份拥有者将自己的身份数据存储在自有设备上，并且能安全有效地提供给需要的人或机构进行验证。相对现实世界中的实体证照通常被拥有者持有，自主主权身份是一种实体证照的数字化方式。

自主主权身份是一种数字身份框架，它将自主权交还给个人或组织等身份拥有主体，以控制访问其数字身份及其相关资料中包含的信息。

自主主权身份是互联网上数字身份的新模型，描述了人们如何向网站、服务和应用程序证明自己的身份，以便与这些网站、服务和应用程序建立信任关系，从而访问或保护私密信息。在密码学、分布式网络、云计算和智能移动终端等新技术和新标准的推动下，自主主权身份是数字身份的范式转变[17]。

自主主权身份旨在为用户提供一种替代传统数字身份的方式，在其理念中，只有身份主体完全控制其他服务需要请求才能访问此身份信息，身份持有方可以自己决定与他人共享哪些信息，以及共享多长时间。自主主权身份通常基于区块链技术的加密密钥对，这允许在两方或多方之间建立私有和加密的消息通道。身份证明并不存储在公开的区块链上，而仅存储在持有方的设备上。这些凭证可以与第三方的凭证完全、部分共享，或与其他凭证共享，并且经过加密签名，允许零知识证明。为了避免身份关联，拥有者可以为与他人的每个连接都创建新的标识符，并且在个人的数字钱包（存储个人数据的数字工具）中管理它们。

自主主权身份被设计为以用户为中心和用户体验友好的模型，可对权限和数据使用进行准确的精细控制[34]。

自主主权身份也被认为是一个用于描述"数字化运动"的术语，通过该运动，人们认识到个人应该在没有干预的情况下拥有和控制其身份，允许人们在数字世界中进行互动，并且具有与现实世界同等的信任能力。

自主主权身份在安全可靠的身份管理系统中为互联网带来了平等的个人自主主权，它意味着个人（或组织）可以管理构成其身份的元素，并且以数字方式控制对这些凭证的访问。借助自主主权身份，控制个人数据的权利属于个人，而不是其他第三方管理机构。

一个人数字身份的存在独立于任何组织，没有人或机构可以带走他们的身份，或者任意停止其身份的使用。同时，某个应用可以禁止某个身份对自己的访问，但这并不影响此身份在其他应用中的使用，这就是突破身份数据垄断达到的直接效果。

自主主权身份是数字身份的未来。将控制权交回用户手中可以实现更高的安全性。每个实体都有唯一的身份识别信息集，这些信息可以是出生日期、社会保险卡、大学学位或营业执照等。在现实世界中，这些卡片和证书被保存在钱包或保险箱等安全的"私有领地"，当持有方需要证明其身份相关信息时，可以出示必要的证照凭证。同样，在数字时代，身份持有方可以把数据存储在自己的设备里，或称为"存在本地"，把它们放在自己家的保险箱里，或者寄存在银行保险柜里（云端）。自主主权身份是现实生活中实物证照的保存与使用在数字世界中的映射。

以下是自主主权身份探讨中常用的概念，这里的可验证指的是可机器验证。

- 可验证声明（Verifiable Claim）：关于实体属性或行为的陈述。

- 可验证凭证（Verifiable Credential，VC）：由同一实体发出的一个或多个声明的集合，也称为可验证凭据、可验证证书。

- 可验证表征（Verifiable Presentation，VP）：从一个或多个可验证凭证派生的数据，也称为可验证表达、可验证表述。

- 持有方（Holder）：控制一个或多个可验证凭证的实体。实体可以拥有一个或多个可验证凭证并从中生成可验证表征。持有方通常是（但并不总是）其特有的可验证凭证或表征的主体。

- 发行方（Issuer）：创建可验证凭证的实体。实体可以通过断言（Assert）一个或多个主体的声明，从这些声明中创建可验证凭证并将可验证凭证发布给持有方。发行方可以是政府、企业、组织、个人等，也称为发证方。
- 验证方（Verifier，Relying Party）：接收一个或多个可验证凭证或可验证表征并进行验证的实体，也称为需求方、依赖方。验证方包括雇主、活动举办方、金融机构，以及其他需要持有方提供声明的组织或个人。
- 可验证数据注册表（Verifiable Data Registry，VDR）：身份数据的分布式存储系统，也称为身份数据登记表、分布式注册表、凭证注册表等。

1.3.2　体系结构

数字身份系统的体系结构经历了从集中式身份存储与管理到自主主权身份管理、分布式存储的进化，如图 1-8 所示。

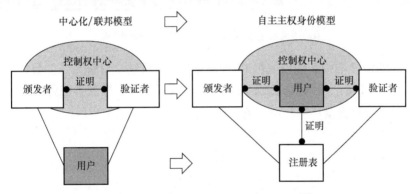

图 1-8　数字身份系统的体系结构进化[17]

从图 1-8 中可以看出，最明显的变化就是用户主体转移到了中心位置，新增了公开的数据注册表（VDR）存储，形成了以持有方为核心的证明系统，或者称为"可验证系统"。

自主主权身份已经形成了比较完善的技术解决方案，其技术栈如图 1-9 所示。

自主主权身份技术栈的上面两层身份系统用于构建用户信任，下面两层身份元系统用于构建机器信任。

身份元系统（Identity Metasystem）的目标是"保真"（Fidelity），由两层组成：第一层可验证数据存储库用于存储凭证的元数据，第二层是传输和验证凭证的协议和实践支持的处理层。身份元系统提供了一个标准化的基础结构，提高了通过凭证进行数据交换的效率和安全性。

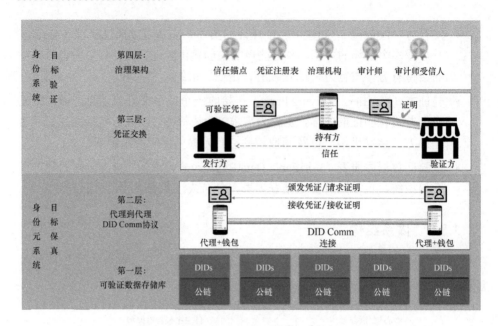

图 1-9　自主主权身份技术栈（SSI Stack）[2]

　　顶端的治理架构和凭证交换共同构成了身份系统，身份系统的目标是"验证"，主要功能是个人或组织决定要颁发、查找、保留、接受哪些凭证。

　　自主主权身份信任三角位于第三层，如图 1-10 所示。

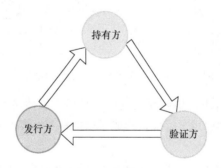

图 1-10　自主主权身份信任三角

　　自主主权身份信任三角的流程简介如下。

　　（1）由发行方根据持有方请求，向持有方签署发布可验证声明，同时将身份标识符、可验证声明及其对应关系保存到可公开访问的分布式存储中。

　　（2）持有方将收到的可验证声明进行可靠保存。

（3）在需要使用时，持有方将身份标识符和可验证声明提交给验证方进行验证。

（4）验证方在无须对接发行方的情况下，检索可公开访问的分布式存储中的身份及声明注册数据，即可确认声明与"验证请求提交人"（持有方或其代理人）之间的关系，并且验证持有方声明的真实来源。

在实际应用场景中，声明的持有方（Holder）与声明的主体（身份的实际拥有方，Owner）可以不一致，如持有方是身份主体的代理人或代办人。代理人可以根据持有方授权，代表持有方实现各类操作。

需要注意的是，自主主权身份并未规定具体的存储方案，某些实现方案如 Personal Data Storages (PDS)、I Reveal My Attributes（IRMA）、reclaimID 等并未选用区块链作为存储技术[35]，但这并不妨碍习惯上认为 SSI 存储技术采用去中心化的存储方式。

现实生活中的多场景下的多个声明普遍有效是一种物理上的"去中心化"，通过一个编码串联某个主体的所有信息往往是种特殊的需求。站在个人隐私保护的角度，人们更倾向于使用不同的编码（身份标识符）参与不同的社会活动，然后安全地把所有编码汇总起来指向一个单一的主体，汇总身份编码的工具称为"数字钱包"。关键数据仅存储在个人计算机或个人智能设备中并不是一个可靠的存储方案，云存储是目前比较稳妥的数据存储及备份方案。

1.3.3　欧洲自主主权身份框架

欧洲自主主权身份框架（European Self Sovereign Identity Framework，ESSIF）是欧洲区块链服务基础设施（European Blockchain Services Infrastructure，EBSI）的一部分。EBSI 是欧盟委员会和欧洲区块链伙伴关系（European Blockchain Partnership，EBP）的联合倡议，旨在用区块链技术提供欧盟范围内的跨境公共服务。

ESSIF 旨在推动自主主权身份成为下一代开放且值得信赖的数字身份解决方案，以便电子交易符合欧盟的《通用数据保护条例》（*General Data Protection Regulation*，GDPR）和《欧洲电子签名法规》（*electronic IDentification, Authentication and trust Services regulation*，eIDAS）。该项目由欧盟下一代网络计划（Next Generation Internet，NGI）设立的欧洲自主主权身份实验室 ESSIF-Lab 推动，同时 EBSI 也将 ESSIF 列为首选的关键技术和应用场景。ESSIF 架构蓝图（第 2 版）如图 1-11 所示。

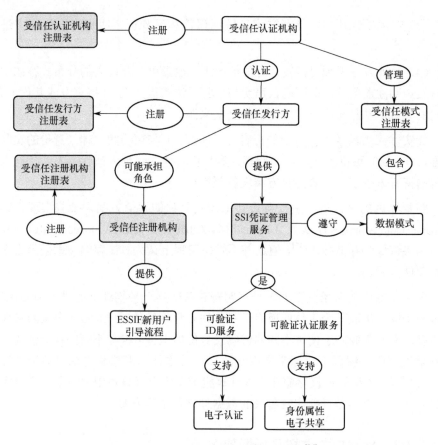

图 1-11　ESSIF 架构蓝图（第 2 版）[36]

根据 SSI 生态系统，ESSIF 第 2 版有 4 个参与者。

（1）发行方、依赖方：在 ESSIF 中，发行方和依赖方都可以是法人实体。一般来说，法人实体既可以发行可验证凭证，也可以依赖（收到并验证）可验证凭证。

（2）用户：用户通常是 ESSIF 第 2 版上下文中的自然人，具有可验证的凭证，可以从发行方收到并提交给依赖方；可以使用数字钱包在 ESSIF 的背景下与各方进行交互。

（3）区块链/分布式账本：ESSIF 的账本由 EBSI 支持的区块链基础设施提供。

ESSIF 技术架构由 3 层组成，如图 1-12 所示。

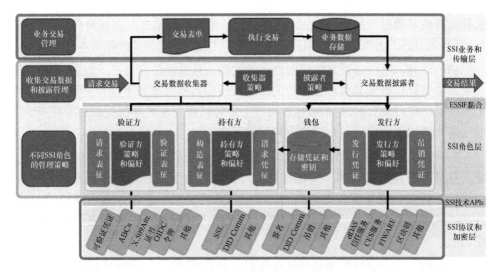

图 1-12　ESSIF 技术架构[36]

（1）SSI 业务和传输层：面向具体的业务，由交易相关方制定业务策略。

（2）SSI 角色层：包括凭证发行方、钱包、持有方和验证方。

（3）SSI 协议和加密层：由支持 SSI 角色层功能实现的程序库组成，包括与凭证相关的库、与安全通信相关的库、与加密技术相关的库，以及区块链技术等。

1.3.4　特点与优势

克里斯托弗·艾伦（Christopher Allen）定义了自主主权身份十原则[6]。昆顿·斯托克金克（Quinten Stokkink）和约翰·普维尔斯（Johan Pouwelse）对此做了补充[37]，共同组成了自主主权身份的十一个原则。

1.　自主主权身份的十一个原则

克里斯托弗·艾伦的自主主权身份十原则内容如下。

（1）存在。用户必须具有独立的存在。任何自主主权的身份最终都是基于身份核心中不可言喻的"我"。它永远不可能完全以数字形式存在，自主主权身份只是使已经存在的"我"的某些属性变得公开和可访问。在任何时候，一个人都应该能够在没有第三方干预的情况下独立创建数字身份。

（2）控制。用户必须控制其身份。用户是其身份标识的最终权威，拥有完全权限，必须根据易于理解且安全的算法，确保身份标识及其声明的持续有效性。用户应该始终能够引用它、更新它，甚至隐藏它。用户必须能够根据自己的喜好选择公开或隐藏自身的身份标识。这并不意味着用户能够控制对其身份标识的所有声明，其他用户也可能会对用户进行声明，但它们不应是身份标识本身的核心。

（3）访问。用户必须有权访问自己的数据，且只能访问自己的数据。用户必须始终能够轻松检索其身份标识中的所有声明和其他数据，不能有隐藏的数据，也不能有"守门人"。这并不意味着用户一定可以修改与其身份关联的所有声明，但它确实意味着用户应该知道这些声明的存在。

（4）透明性。系统和算法必须是透明的。SSI 解决方案及其算法应开放其功能、管理和更新方式。用于管理和操作身份网络的系统必须开放，无论是在如何运作，还是如何管理和更新方面。算法应该是免费、开源、众所周知的，并且尽可能独立于任何特定的架构，同时，任何人都应该能够检查它们是如何工作的。

（5）持久性。身份必须是长期存在的。在理想情况下，身份应该永远存在，或者至少在用户愿意的时间内持续下去。尽管私钥可能需要轮换，并且可能需要更改数据，但身份标识持续存在。在快速发展的互联网世界中，这个目标并不完全合理，因此，身份至少应该持续到更新它们的身份系统已经因为过时而停止使用为止。这决不能与"被遗忘的权利"相矛盾。如果用户愿意，应该能够处置身份，并且随着时间的推移，应该适当更新或删除声明。要做到这一点，就需要将身份与其声明分开。身份标识只能由用户自行删除；可以更新和删除声明，但属于这些声明的身份标识应长期存在。

（6）可移植性。有关身份标识的信息和服务必须是可移植的。身份不得由单个第三方实体持有，即使它是一个受信任的实体，并且为用户的最佳利益工作。由第三方实体持有的风险是所有的实体都可能会消失。在互联网上，大多数实体最终会消失，制度也会改变，用户会转移到不同的司法管辖区。可移植标识确保用户无论如何都能控制其标识，并且还可以随着时间的推移提高标识的持久性。

（7）互操作性。应尽可能广泛地使用身份标识。如果身份只在有限的利基市场（Niche Market，由一组独特的需求或偏好确定的细分市场）可用，那么它们就没有多大价值。数字身份系统的目标是使身份信息广泛可用，跨越国际边界创建全球身份，同时不失去对身份的控制。由于身份的持久性和自主性，所以这些广泛的身份可以持续可用。

（8）同意。用户必须同意使用其身份。任何身份标识系统都是围绕共享该身份标识及其声明而构建的，并且可互操作的系统会增加共享量。但是，只有在用户同意的情况下才能共享数据。尽管其他用户（如雇主、朋友、组织机构）可能会提出索赔，但用户仍须同意才能使其生效。此同意不一定是交互式的，但必须是经过深思熟虑且易于理解的。未经用户同意，不得共享声明和数据，用户可以控制其数据的共享。

（9）最小化。声明内容必须最小化数据披露。当数据被披露时，该披露应涉及完成手头任务所需的最少数据量。例如，如果只要求最低年龄数据，则不应披露确切的年龄；如果只要求年龄数据，则不应披露更确切的出生日期。这一原则可以通过选择性公开、范围证明和其他零知识技术来支持，但非相关性仍然是一项非常困难的（甚至是不可能的）任务。人们能做到的最有利的事情就是使用最小化数据披露来尽可能地保护隐私。

（10）保护。用户的权利必须得到保护。当身份网络的需求与个人用户的权利发生冲突时，网络应该站在保护个人权利一方而不是网络需求一方。为了确保这一点，身份验证必须通过独立的算法进行，这些算法具有抗审查性和强制弹性，并且以分布的方式运行。

昆顿·斯托克金克和约翰·普维尔斯在艾伦的自主主权身份十原则中补充了第十一条。

（11）可证明。声明必须被证明是正确的或错误的。声明应该可以得到验证，如由受信任的第三方验证。

2．Sovrin SSI 十二原则

全球自主身份社区成员在 Sovrin 基金会的召集下总结了 SSI 十二原则。全球自主身份社区认为 SSI 十二原则适用于任何数字身份生态系统，并且鼓励任何构建数字身份生态系统的机构把这些原则纳入其治理框架，同时在纳入时保证其完整性。这些基本原则的应用只应在与相关法律及法规有出入时受到限制[38]。

SSI 十二原则（第 2 版）把十二项原则分为机构、控制、保护 3 个模块[39]，并且把第 1 版中的控制和代理（Control and Agency）改称为代理（Delegation），如图 1-13 所示。

SSI 十二原则主要内容如下。

（1）机构（Agency）：人人有权学习、工作。

- 代表性（Representation）：生态系统应该为任何实体（包括人类、法律实体、自然实体、物质实体和数字实体等）提供相应方法，使其可以获得任意数量对其有代表性的数字身份。

- 代理（Delegation）：生态系统应赋能具有自然、人类及法律权利的实体，使其作为身份权利持有方（Identity Rights Holder），对与其身份相关的数字身份信息的使用进行控制，并且通过使用或放权给其选择的代理方

（Agent）和监护方（Guardian）来实施控制。代理方和监护方可以是个人、机构、设备和软件等。

图 1-13　全球自主身份社区的 SSI 十二原则（第 2 版）[39]

- 平等与包容（Equity and Inclusion）：生态系统不得排斥或歧视其治理范围内的任何身份权利持有方。
- 可用性、无障碍性和一致性（Usability，Accessibility and Consistency）：生态系统应该为持有方最大化其代理方，以及系统的其他组成部分。

（2）控制（Control）：人人可以选择，不受胁迫。

- 参与性（Participation）：自主身份生态系统不应强制身份权利持有方的参与。
- 去中心化（Decentralization）：自主身份生态系统不应有任何要求使其参与者必须依赖集中式系统（Centralized System）来代表、控制及验证一个实体的数字身份信息。
- 互操作性（Interoperability）：自主身份生态系统应使用开放的、公用的及无版税的标准，使实体的数字身份信息可以在跨系统操作时仍然具有代表性，并且可以在系统间实现互换、安全防卫、信息保护及跨系统验证。
- 可移植性（Portability）：也称为可转移性，生态系统不应限制身份权利持有方对其数字身份信息副本进行移动或转移至其所选代理方或系统的能力。

（3）保护（Protection）：每个人都有权受到保护并维护其自主身份的完整性。

- 安全性（Security）：自主身份生态系统应赋能身份权利持有方，使其数字身份信息的安全在静态和动态时都能得到保障，并且给予身份权利持有方对其身份识别码（Identifier）和密钥（Encryption Key）的控制权，让其在所有交互中都可以采用端到端加密（End-to-end Encryption）。

- 可验证性和真实性（Verifiability & Authenticity）：自主身份生态系统应赋能身份权利持有方，使其可以提供可验证的证明（Verifiable Proof）来证明其数字身份信息的真实性。

- 隐私保护及最小化信息披露（Privacy & Minimal Disclosure）：自主身份生态系统应赋能身份权利持有方，使其可以保护其数字身份信息的隐私性，并且允许其在任何特定交互中只提供该交互所需的最少数字身份信息。

- 透明性（Transparency）：自主身份生态系统应赋能身份权利持有方及其所有利益相关方，使他们可轻松获得并验证所需信息，以理解所有代理方及其他自主身份生态系统组成部分赖以运作的激励措施、规则、政策和算法。

卡梅伦数字身份七定律、艾伦自主主权身份十原则和 Sovrin SSI 十二原则的焦点都在于拥有方对其身份的绝对控制及身份系统必须提供原生的隐私保护和安全保障，这 3 种数字身份原则对比如表 1-1 所示。

表 1-1　数字身份原则对比

序号	卡梅伦数字身份七定律	艾伦自主主权身份十原则	Sovrin SSI 十二原则
1	用户的控制和同意（User Control and Consent）	存在（Existence）	代表性（Representation）
2	受限用途的最小披露（Minimal Disclosure for a Constrained Use）	控制（Control）	代理（Delegation）
3	正当理由的当事人（Justifiable Parties）	访问（Access）	平等与包容（Equity and Inclusion）
4	定向的身份（Directed Identity）	透明性（Transparency）	可用性、无障碍性和一致性（Usability, Accessibility and Consistency）
5	运营商和技术的多元化（Pluralism of Operators and Technologies）	持久性（Persistence）	参与性（Participation）
6	人与人的融合（Human Integration）	可移植性（Portability ）	去中心化（Decentralization）
7	跨上下文的一致体验（Consistent Experience Across Contexts）	互操作性（Interoperability）	互操作性（Interoperability）
8	—	同意（Consent）	可移植性（Portability）

（续表）

序号	卡梅伦数字身份七定律	艾伦自主主权身份十原则	Sovrin SSI 十二原则
9	—	最小化（Minimisation）	安全性（Security）
10	—	保护（Protection）	可验证性和真实性（Verifiability & Authenticity）
11	—	—	隐私保护及最小化信息披露（Privacy & Minimal Disclosure）
12	—	—	透明性（Transparency）

3. SSI 的 SWOT 分析及发展障碍分析

目前，SSI 理论和实践都在高速发展中，需要全方位地进行 SWOT［优势（Strengths）、劣势（Weaknesses）、机会（Opportunities）、威胁（Threats）］分析及发展障碍分析[40]。

1）SSI 优势

SSI 作为一个新思想、新框架，目的是解决过往的痛点，因而其必然具有某些突出优势，主要包括以下几点。

（1）为了避免企业出售数据而分散存储。这种分散策略能够有效地避免同时创建大量的供需双方数据，从而造成企业数据聚合。在默认情况下，其易于实现隐私性、透明性，由委托方而不是中介机构控制。

（2）构建在对象功能和委派框架之上，可以创造更灵活的商业模式。

（3）有身份层的互联网允许以隐私保护的方式开发新的商业模式，而无须昂贵的中介平台。

2）SSI 劣势

没有完美的解决方案，任何框架都存在缺陷或短板，否则无法真正实施。SSI的主要劣势如下。

（1）通过将持有方引入现有的发行方、验证方关系（SSI 信任三角），在过程中设置了障碍或摩擦点，增加了系统的复杂度。

（2）由于缺乏平台杠杆而缺少前期财务投入。存在交易成本增加的风险，如果使用分布式存储与交易，如区块链，那意味着每一笔交易都需要费用，需要想方设法降低费用，或者设计更容易让人接受的成本分摊模式。

（3）每项技术都有两面性。发展初期的参与者往往鱼龙混杂，冒险家和欺诈者将会同时崛起，从而导致社交媒体歇斯底里的追捧和市场认知的重大转变。

3）SSI 机遇

新思想、新技术的发展壮大，都是基于某个特定的历史机遇的，SSI 也不例外。SSI 拥有的机遇至少包括以下几点。

（1）数据经纪人/中介机构的价值或成本可以重新分配给委托人，即发行方、主体/持有方和验证方。

（2）开启新治理竞争时代。

（3）使用零知识证明（Zero-Knowledge Proofs，ZKP）进行数据最小化管理。

4）SSI 威胁

当新系统的推广触碰到传统势力的利益时，必然会遭到强力的抵制，这些对抗是对新力量成长的主要威胁，包括以下几点。

（1）数据经纪人和中介机构早已融入价值链。SSI 要求多个利益相关方（如发行方、持有方、验证方、数据经纪人）进行变革，如果没有充分的利益保障，这些角色必然会成为变革的障碍。

（2）串通或监管捕获。通过监管捕获的那些载体，会延缓有效标准的制定，提高监管壁垒。

（3）平台心态和平台力量。SSI 的发展方向由数量有限的私营公司接管，这些公司以"社区团体"的形式组织起来，但是这些团体并不能真正代表公众，他们只会有效地制造进入壁垒。

5）SSI 发展障碍

除了威胁这样的主观阻力，还存在一些客观障碍。尽早认识到这些客观障碍，全面统筹，清除这些障碍，也是 SSI 能够持续进化的必要条件。SSI 发展障碍包括以下几点。

（1）设想 SSI 在没有单一实体主导的情况下被引导使用，人们去中心化的运营经验过少。

（2）发展采用非传统经济模式。SSI 模型定义为没有前期股本，所有价值均在共享资源中创建，典型模式如比特币和以太坊，这种发展模式还需要进行长时间的探讨。

（3）大量的平台代币存在安全监管风险。

（4）传统社会管理风险。某些地区的文化规范抵制全能代理，或者说他们认为必须"开后门"，以保持对身份识别者的控制。

（5）行业开拓者缺乏业务知识。

SSI 是数字身份体系中一个极端的存在，其焦点在于将身份及身份相关数据的控制权交回用户手中，这基于它提供了相对完整的数字身份思维框架和原则。另外，SSI 并不是解决数字身份问题的唯一方案，也不期望解决所有身份问题，它更适合在互联网的公域上使用，这与大量组织机构内部系统稳定保守的用户管理并不相悖。

只有持续进化与完善以适应更多应用场景、融合更多技术和框架、满足不断涌现的新需求，才是一种思想或框架的发展之道。

1.4 分布式数字身份

为了叙述方便，本书不严格区分去中心化（Decentralized）和分布式（Distributed）的概念，认为二者同义，可以统一理解为分散化或非中心化。传统的分布式技术往往意味着存在一个超级管理站点。另外，"区块链"或"分布式账本"的含义更多的是"去中心化的交易与存储"，而不是指具体的、已经上线运行的实体链。

自主主权身份（SSI）是一个模型、框架和方向，其在一个抽象层面上探讨互联网身份层解决方案；而分布式数字身份（Distributed Identity，DID）是自主主权身份的具体规范、实现和服务。

自主主权身份倾向于对用户身份自主权利的主张，表达了个人或企业对数据隐私保护和对数据的使用具有自主控制权的诉求。分布式数字身份更侧重于基于自主主权身份理念的系统架构和技术方案，分布式数字身份是遵循自主主权身份理念的一种实现架构、规范，是具体的产品或服务[41]。

分布式数字身份的规范是公开的，大量的基础代码也是开源的，它开启了一个 Web3 研发模式的新时代。

1.4.1 概念

数字身份将成为未来数字社会中公民最有价值的商品，它将主要存在于线上（Online），但会影响现实生活[42]。

分布式数字身份是一套去中心化，并且允许个人或组织能够完全拥有对自己数字身份及其数据的所有权、管理权和控制权的身份系统[41]。

身份管理最简单、最常见的传统解决方案是中心化管理方式。中心化管理本质上是一种委托或代理人模式。当规划一个新系统时，首先设计用户注册、登录、注销、停用机制，然后采集用户数据，如姓名、性别、生日、电话号码、通信地址、邮箱等信息，最后在服务机构的服务端保存用户数据。服务机构把保存起来的这些用户称为注册用户或会员，有的系统未注册也允许用户访问系统的部分内容，其被称为匿名用户。通过"注册"，用户数据就被收集起来，成为企业有价值的数字资产，并且用户的网络行为也会被收集，如果有必要，就可以通过各种方式交易或使用这些用户数据。如果用户的身份数据发生变化，系统会请求或要求用户更新身份信息。

这种方式听起来顺理成章，因为过去人们一直在这样做，似乎并无不妥。而"古老"的身份问题一直存在，组织机构能够以任何理由终止身份的使用，极端的情况是服务机构破产，那所有的身份也会随之消失。

如果用户使用多个系统，就需要多次注册身份信息。为了避免烦琐的注册或登录过程，人们创造了"单点登录"，或者使用联盟身份进行登录，如 OAuth2.0，这些方案只是对易用性的改善，身份数据的存储位置并未改变。当然，在企业或组织的内部系统，这种方式仍将被长期使用。

这种服务机构代理式（中心化）存储数据的最大优点是设计简单，最大的风险是数据安全、垄断及权利纠纷。如前文提到的剑桥分析事件和 Facebook 封停用户的"黑历史"。

随着 SSI 理论的逐步完善，可以看到 SSI 能够最大限度地解决用户身份自主存在的问题。随着以区块链为代表的去中心化存储及交易方案逐渐成熟，DID 的落地也水到渠成。

强调去中心化的目的是避免身份数据、行为数据、交易数据等被中心化垄断机构控制。身份由身份主体控制，个人能自主管理自己的身份信息及相关数据，并且提供可信的数据交换，控制身份信息及相关数据的使用。身份相关数据锚定在非中心化存储基础设施（如区块链）上，认证的过程不依赖身份、凭证或声明的发布方在线。

分布式数字身份的基础设施需要解决以下问题。

（1）身份标识符的自主控制与管理。

（2）基于非对称密钥的点对点认证及安全信息交互。

（3）提供用户友好的密码学应用。

如今，生活和工作中的各种活动越来越多地通过网络进行，正式的活动通常都需要数字身份。如前所述，人们的身份信息及其他网络活动数据均由第三方记录、拥有和控制，其中有些记录行为身份拥有者甚至完全不知情。SSI 主张每个人都有权获得、拥有并控制自己的数字身份，该身份可以安全地存储其元素并保护隐私。实现 DID 并不容易，其中会涉及身份的发布、识别和验证，相关数据的可信存储和计算，身份的声明、凭证、表征验证等诸多新问题。身份的核心问题是商业利益的争夺和重新分配。

Web3 时代的人们更习惯于在工作、家庭的互动中使用数字身份。Web3 时代由人们在现实生活和数字空间中所说的、所做的和经历的一切活动组成，如购买门票、旅行、入住酒店、订餐、寻医问药、各种线上娱乐等，所有活动都需要明确"我是谁""他是谁""我能做什么"。持久性的身份如同生理特征一样与人生如影随形，不受各类时空的约束。

SSI 是 Web3 的一种解决方案，DID 是多项关键创新聚合而成的新技术。

在一个任何人都可以获得数字身份的世界里，如何判断数字身份的真假呢？就像个人声誉一样，DID 在没有证明的情况下，仅仅是一个抽象的由字符串标识符表示的"空洞"的身份。为了获得合法性证明，DID 可以使用信任提供者（如企业、教育机构和政府）的认可或证明。基于 DID 的系统需要提供一种创建证明的机制，其中包括对谁，以及何时签发可信任的独立证明。

通过从多个信用系统累积这些证明，身份标识可以随着时间的推移建立更多的信用，以匹配能够访问的应用或服务所固有的风险级别。

证明是可独立验证的声明，一个或多个 DID 可以使用其密钥签名以生成有关另一个 DID 的断言。数据的时间状态可以通过第三方分布式存储记录并独立验证，无须信任其他实体或组织来记录发生的时间。

DID 的关键特征包括以下几个方面。

（1）用户（实体）可以拥有一个或多个 DID。

（2）DID 可以跨存储解析。

（3）DID 权限通过只有用户才能访问的密钥进行管理。

（4）身份属性（或声明）存储在链下个人数据存储设备中，如手机等移动设备。

（5）用户可以跨设备和云拥有一个或多个身份标识中心实例。

（6）他人若访问证明/声明，需要用户同意并具有精细的访问控制。

（7）声明与现有标准兼容（如 OAuth2.0/OIDC）。

1.4.2　特点与优势

DID 规范定义了可验证、去中心化的数字身份标识符。一个标识符可以标识由 DID 控制者决定的任何主体（如个人、组织、事物、数据模型、抽象实体等）。

与典型的联盟标识符相比，去中心化标识符的设计使其分离于集中式注册表、身份提供者，以及证书颁发机构。去中心化标识符可用于识别任何类型的主体，如个人、组织、设备、产品、位置等，甚至是抽象的实体、概念、过程。每个 DID 会被解析为一个 DID 文档，其中包含用于控制 DID 的加密资料和其他元数据。

DID 使用自主主权身份（SSI）模型，个人用户或组织、机构对其身份拥有所有权。例如，驾驶执照是由政府创建、记录和发布的，但实际证照文档是由个人持有的，在一般情况下他人无权访问，除非持有方认为有必要出示，或者执法人员依法要求持有方出示。

DID 最大的特点是分散的身份签发中心、分散的数据存储、按规约共识自主确定标识，以及自证互证积累身份数据。

更重要的是，去中心化标识符具有的独特属性能够让拥有方通过加密验证 DID 所有权，这使得 DID 的任何主体（如个人、组织、线上社区、机构、物联网设备等）都能进行更值得信赖的线上交易。尤其对个人而言，去中心化标识符既可以让拥有方重新控制其私有数据和授权，还可以在防止伪造、保护隐私，以及提升可用度方面实现更值得尊重的双向信任关系。

Web2.0 时代的移动电话号码、电子邮件、社交账号、银行账号等并非由使用者个人所拥有，倘若使用者更换服务提供商，那么往往意味着号码或账号也会随之更改。相比之下，去中心化标识符可以由创建它们的个人或组织来控制，可在服务提供商之间转移，并且只要拥有方有需要就可以持续使用它们。

DID 规范的基本要素如下。

（1）去中心化：去中心化标识符要采用分散管理的发行机构。

（2）持久性：去中心化标识符不需要底层组织（如凭证发布方与验证方）的持续运营。

（3）可验证：可使用加密证明以实现对去中心化标识符及关联信息的控制。

（4）可解析：DID 元数据可以被发现、识别。

DID 的安全性、可控性和便携性特征如下[41]。

（1）在安全性方面，包括以下 3 个维度。

- 主体保护性，即符合艾伦身份保护原则。当身份需求与主体权利产生冲突时，DID 优先保护主体权利而不是满足他方的身份需求。

- 永久性及唯一性，即符合艾伦身份持久性原则。身份是持久的，避免产生"被遗忘的权利"，并且只能由主体自主决定身份的删除和注销。已注销的身份不可被他人重新分配使用,或者说主体创建的身份永远是一个在数字时空中从来没有出现过的唯一的身份。

- 最小化披露,即符合艾伦身份最小化原则。需要提供的身份数据信息控制在满足用户需要实现功能的最少信息量。

(2)在可控性方面,包括以下 3 个维度。

- 存在性,即符合艾伦身份存在原则。用户必须独立于任何其他网络参与者而存在。DID 只是将已存在的、"自主"的某些有限方面进行公开,并使其便于访问。

- 控制权,即符合艾伦身份控制原则。用户对身份的注册、使用、更新、删除和注销等所有操作拥有控制权。

- 许可性,即符合艾伦身份同意原则。任何网络参与者在使用用户身份及其相关数据时,必须征得用户的许可。

(3)在便携性方面,包括以下 4 个维度。

- 透明性,即符合艾伦身份透明原则。系统和算法等代码开源,运作方式、管理方式和更新方式开放,算法独立于任何特定的体系结构,任何人都有监督算法工作过程的权利。

- 互操作性,即符合艾伦身份互操作性原则。数字身份只有被广泛地使用才能发挥价值。

- 可移植性,即符合艾伦身份可移植性原则。联盟身份在集中身份的基础上增加了可移植性。DID 的可移植性在于用户可以自主移植身份。

- 访问权,即符合艾伦身份访问原则。用户对身份及其相关的可验证声明具有充分了解权。用户必须在任何时候都能够轻松完整地、彻底地收回其身份中的声明和其他数据。在收回这些数据的过程中,不能有任何服务私自隐藏数据,也不得有其他参与者"把守"这些数据。

图 1-14 中展示了中心化、联盟化和去中心化系统结构的差别。

无论是中心化还是联盟化,人们都基于这样一个假设,即任何一个环节都是稳定、可靠、高可用的,并且不会突然失效,否则其相关的所有数据身份将无法使用,这意味着身份系统服务提供商将在系统非功能性方面投入巨大。例如,现实生活中常用的短信验证码验证身份方式,如果短信服务商设备或其他系统故障导致无法发出验证码,则验证事件将无法完成,那么用户无法进行下一步操作。但短信验证码本身与身份验证业务并无任何关系,短信服务提供商与身份凭证颁发机构也无任何关联,这只是人们设计的通过增加安全环节而确保身份真实性的方法。增加流程环节就意味着增加系统复杂度,同时增加成本。

	中心化	联盟化	去中心化
身份模型	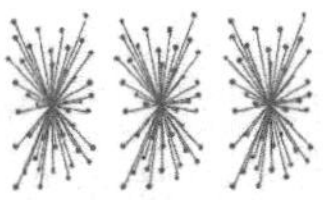	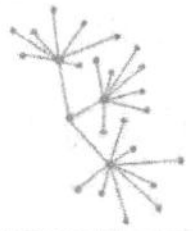	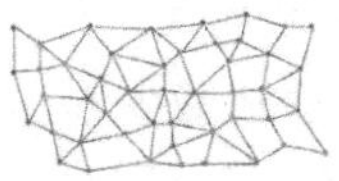
技术	• 账号/密码 • 多重身份验证 • 单点登录	• OAuth • OpenID • SAML	• 分布式账本 • 密码学
特点	• 身份分布在很多企业中 • 企业控制用户数据 • 中心化的数据是网络攻击的蜜罐	• 登录凭据碎片化程度更低 • 用户信息分布在很多企业中 • 企业控制用户数据 • 中心化的数据是网络攻击的蜜罐	• 身份可以在企业之间移植 • 用户信息在用户钱包或安全云里 • 分布式的数据限制网络攻击下的数据泄露 • 用户控制自己的数据

图 1-14　身份系统结构比较[43]

DID 努力为用户提供控制权、安全性、隐私权和便携性，不基于专有技术，也不由单个公司或联盟控制。DID 不仅授予人们对自己身份的主权，而且授予人们对自己生成的数据的主权，这使得高价值的网络数字经济活动成为可能。在 Web3 之前，身份主体的行为数据被记录下来后，经常未经允许就被数据的实际掌控者用来推进其商业目标，如定向广告投放等。

身份主体对信息缺乏控制会导致两极分化，用户无法选择如何使用，以及是否使用自己身份相关的数据。DID 则授予人们实际的控制权，只有经过数据拥有者许可，实体才可以选择将其数据货币化或进行交易。例如，去中心化金融（Decentralized Finance，DeFi）就完全无须许可，也就是它没有歧视。

DID 是去中心化拼图的重要组成部分，一直是 Web3 最具挑战性的应用之一，它可以在维护个人隐私的同时增强人们对 Web3 的信任。

DID 的设计方向可总结为去中心化、可控制、保护隐私、安全、基于凭证、可验证、可发现、可解析、可互通、便携、简单和可拓展。

需要特别注意的是，在设计 DID 的时候应牢记没有任何中间方来保护隐私，对隐私的考量都是预防性的而不是补救性的。

1. 去中心化数字身份的优势

分布式数字身份为消费者、企业和社会创造了"双赢"的潜力和机会。一些值得注意的优势包括[43]如下几个方面。

（1）安全性和减少欺诈：分布式身份系统将数据丢失的风险从大型集中存储系统转移开来。任何一个安全漏洞只会影响少量的个人身份信息（Personally Identifiable Information，PII），从而改变非法闯入的经济性，如图 1-15 所示。

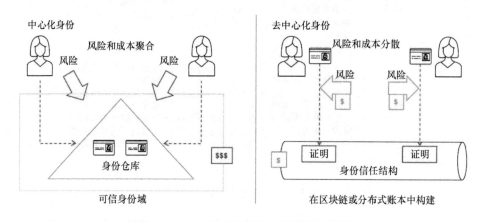

图 1-15　DID 改变非法闯入尝试的经济性

（2）成本节约和效率提升：可以降低企业员工招聘、入职、数据管理及组织内部身份主体生命周期管理的成本。

（3）新机遇：数字身份将为新商业模式和新产品带来新机遇。

2. 去中心化数字身份的挑战

去中心化数字身份前景光明，吸引了大量的关注和投资，但是必须面对一些重要挑战才能得到更广泛的使用[43]。主要挑战包括如下几个方面。

（1）新生态系统和新基础设施：只有当大型实体生态系统采用分布式身份解决方案，以数字方式颁发和验证凭证，并且制定标准以实现互操作性和可移植性时，才会产生实际的效益。这需要大量有实力的企业一起参与构建庞大的数字基础设施，包括：用于数字钱包、第三方托管人及连接每个人所需的云，应用程序编程接口（API）服务，分布式数据登记表，等等。分布式数字基础设施的研发与运营将比传统基础设施更加庞大与复杂。

（2）密钥管理：身份安全取决于精心保护的私有密钥，密钥丢失或泄露对持有方来说是个大问题，特别是在身份与高价值的资产绑定时，密钥丢失或泄露将是灾难性的。如何保护和管理这些密钥在场景相似的加密货币领域尚未得到妥善的解决。除此之外，密钥继承等法律问题也是需要解决的。

（3）离线可用性：如何在离线情况下使用数字身份仍有待探索。当用户的设备无法访问互联网时，他们必须能够证明自己的身份或可识别凭证（如驾驶执照）的所有权。

3. 对金融行业的影响

金融行业受数字身份升级的影响最大。身份影响整个金融流程，从 KYC（Know Your Client）开始，到账户登录、交易验证、反洗钱（Anti Money Laundering，AML）监控、贷款筛选及客户信誉保证，分布式数字身份可以作为所有传统金融服务的新基础设施层，将身份验证从前台转移到后台，作为简单、无缝和安全的客户体验的催化剂[3]。

通过将数据隐私和安全性内置到基础层，分布式身份可以提供新的方法来减少身份欺诈和运营中的相关风险。

从长远来看，去中心化身份代表了金融客户接口的转型，这是金融服务的基础和核心。当前在创建、使用和管理数字身份方面存在的价值有望在新的生态系统中重新分配，这必然为新的金融服务和商业模式创造机会。银行作为信任机构所扮演的重要角色使其处于决策地位，从而影响这一新兴技术的发展。

从中心化到去中心化进化过程中的核心矛盾是，必须在去信任的网络中建立更多的信任方案。交易方信任的是可靠运行的交易规则，而不是交易参与主体。"信任"从"超级人类"（管理员）的主动干预行动逐渐被机器全自动验证所替代，但信任依然是身份系统的核心问题。

4. 其他问题

在物流场景中，发货方必须向物流企业提供收货方地址、姓名、联系方式等，数据就这样被聚合起来并被物流企业持有。可能的解决方案是收货方使用匿名和数字钱包进行通信和签收，这样就只有收货地址与现实相符。在移动通信时代，电话号码更多地作为一个 ID 或账户编码出现，和电话号码息息相关的打电话、发短信功能已经逐渐被移动 App 功能替代。在未来的数字钱包中，通信（语音、视频、沉浸式）将是基本功能。

去中心化的发展方向是服务提供商越来越透明与分散，也就是使用者并不需要了解服务提供者。在理想情况下，没有厂商、没有品牌、没有广告，一切都是顺其自然的存在。

1.4.3 研究组织与机构

DID 作为一种开放和灵活的身份解决方案，正变得越来越流行，很多机构都在投入资源研究 DID 标准、规范和实现方案。目前，来自 W3C 的 DID 规范是一个被广泛接受的标准。

1. W3C

万维网联盟（World Wide Web Consortium，W3C），由蒂姆·伯纳斯·李（Tim Berners-Lee）于 1994 年建立，其宗旨是通过促进通用协议的发展并确保其通用以激发 Web 世界的全部潜能。W3C 引导互联网行业关注协议和标准，而不只是关注软件。

W3C 致力于实现所有的用户都能够对 Web 加以利用。W3C 的工作是对 Web 进行标准化，创建并维护 WWW 标准，W3C 标准也被称为 W3C 推荐（W3C Recommendations）。

在 W3C 发布某个新标准的过程中，规范是通过严格的程序由一个简单的理念逐步确立为推荐标准的。

当某项提议被 W3C 承认时，一个工作组就会成立，称为 W3C 工作组（W3C Working Groups）。其中包括会员和其他对此有兴趣的团体。工作组通常会规定一个时间表，并且发布有关被提议标准的工作草案。

W3C"同一个万维网"（One Web）的理念汇集了全球数十个行业领域的 400 多家成员单位及数千名专业技术人员。在组织管理层面，W3C 目前由设立在美国的麻省理工学院计算机科技与人工智能实验室（MIT CSAIL）、法国的欧洲信息与数学研究联盟（ERCIM）、日本的庆应义塾大学（Keio University），以及中国的北京航空航天大学（Beihang University）4 个全球总部机构联合运营管理。

2022 年 7 月 19 日，去中心化标识符工作组发布去中心化标识符（DID）v1.0 作为 W3C 建议。DID v1.0 定义了去中心化标识符是一种新型标识符，可实现可验证的去中心化数字身份。由去中心化标识符的控制者来决定它识别的主体[44]。

由 W3C 构思和开发的去中心化身份规范是围绕加密保护标识符创建全球技术标准的尝试，在许多方面都是安全、通用和主权形式的数字 ID。该技术使用点对点技术来消除中介机构拥有和验证 ID 信息的需要。W3C DID 作为一种开放和灵活的标准正变得越来越流行。

2. DIF

去中心化身份基金会（Decentralized Identity Foundation，DIF）是一个工程驱动的组织，专注于开发必要的基本要素，以建立一个开放的、去中心化的身份生态系统，并且确保所有参与者之间的信息互通[45]。

W3C 制定了一套 DID 标准，DIF 则基于此标准给出了 DID 的实现方案。

DIF 聚焦于以下工作[45]。

（1）技术规范：为 DID 实施者开发可执行的协议、组件，以及数据格式的规范和标准。

（2）参考实现：DIF 成员开发他们创建的技术组件和协议的开源参考实现。

（3）行业协调：寻求协调行业参与者，以促进共同利益。

DIF 工作组按职能领域划分，旨在推动制定由开源代码支持的新兴标准与规范，包括如下方向。

（1）标识符发现：去中心化身份等式的一个关键部分是如何在没有集中式标识符系统（如电子邮件地址）的情况下识别和定位人员、组织、设备。DIF 成员正积极研究在分布式系统中创建、解析和发现分布式标识符和名称的协议与实现。

（2）身份验证：设计、推荐和实施依赖使用 DID 和 DID 文档的开放标准和加密协议的身份验证和授权协议，为用于身份验证和授权的数据结构提供规范、协议和格式的建议与开发。

（3）声明和凭证：验证身份声明和断言的能力是在没有集中式层次结构的分布式系统上的实体之间建立信任的关键。DIF 可以给生态系统提供规范、协议和工具，以帮助生态系统参与者及其用户轻松地将 DID 签名的声明集成到他们的应用程序和服务中。

（4）通信：生成一个或多个高质量规范，这些规范体现了用于安全、私有和经过身份验证的基于消息的通信方法，即 DID Comm。

（5）Sidetree：Sidetree 是一种用于创建可扩展的去中心化标识符网络的协议，可以在任何现有的去中心化锚定系统上运行，并且与它们使用的底层锚定系统一样开放、公开和无须许可[46]。

Sidetree 工作组开发和维护正式的 Sidetree 规范，以及基于 Sidetree 的 DID 方法节点运算符的协调中心。

（6）安全数据存储：创建一个或多个规范，为安全数据存储（包括个人数据）

建立基础层，特别是用于存储和传输的数据模型、语法、静态数据保护、CRUD API、访问控制、同步，以及至少与 W3C DID 及可验证凭证兼容的最小可行的基于 HTTP 的接口。

（7）关键事件接收基础结构（Key Event Receipt Infrastructure，KERI）：KERI 是一种无账本的身份识别方法，可实现通用的去中心化密钥管理基础设施（Decentralized Key Management Infrastructure，DKMI）。

（8）钱包安全：适用于钱包架构、钱包到钱包，以及钱包到发行方/验证方协议的安全要求。钱包安全工作包括分类、指定和描述钱包常见的安全架构，生成有关对可验证凭证钱包的安全功能进行分类和指定的指南，如密钥管理、凭证存储、设备绑定、凭证交换、备份、恢复和钱包的可移植性等。

（9）应用加密：探索与去中心化身份相关的加密协议和原语。工作组将定义焦点主体，创建加密协议，并且为它们选择底层加密基元。

DIF 作为致力于开发和实施去中心化身份和信任基础设施的组织，为 W3C DID v1.0 规范做出了贡献。

3．RWOT

重启信任网络（Rebooting the Web of Trust，RWOT）由虚拟沙龙和面对面设计研讨会组成，其使命是让个人能够共同创建分布式系统，以实现持久的互惠互利[47]。RWOT 的主要目标如下。

（1）创建社区：通过充当各种相关技术社区之间的共同交汇点来创建社区。

（2）记录最佳实践：通过创建对去中心化身份的机会和陷阱的共同理解来记录最佳实践。

（3）制作内容：通过创建白皮书和制作其他内容，以支持分布式系统的发展。

（4）传播好消息：通过建立分布式身份未来基础和影响的输出来传播好消息。

RWOT 已经发布了关于 Blockcerts、DID、BTCR DID 方法、自主主权身份和可验证凭证的基础工作。其他的主题还包括凭证钱包、分布式数据、分布式身份、DID 解析、密钥恢复、本地名称、身份模型、对象功能、离线凭证、在线合作、点对点分布式网络、公钥基础设施、渐进式信任、量子安全性、声誉、选择性披露、智能签名和信任指标等。

4．ToIP

基于 IP 协议栈的信任基金会（Trust over IP Foundation，ToIP）是一个由 Linux 基金会托管的独立项目。ToIP 对来自全球领先组织的泛行业进行支撑并与之合作。ToIP 的使命是为互联网规模的数字信任提供强大、通用的标准和完整的架构[48]。

基于 IP 协议栈的信任基金会致力于以下方向[49]。

（1）促进各方之间保密、直接连接的全球标准的建立。

（2）寻找并利用可互操作的数字钱包和凭证的机会。

（3）用可验证的数字签名锚定公民和企业身份来保护他们。

（4）将数字信任的技术元素与人为元素（在成功的数字信任生态系统中管理协作的业务规则和策略）集成在一起。

（5）促进数字信任专家之间的沟通和知识共享。

对互联网身份层来说，信任是源头和基础。接下来的章节将从信任开始，详述分布式数字身份体系结构和协议规范。

第 2 章

分布式数字身份综述

克里斯托弗·艾伦（Christopher Allen）认为，互联网中的数字身份是零碎的，因互联网域名而异[6]。现在分布式数字身份要把零碎的数字世界统一起来，实现身份价值的回归。技术标准、协议、解决方案、实现路径必然有分歧，毕竟百花齐放才是春，但无论如何，它们的目标是一致的。

分布式数字身份作为 Web3 的入场券，需要从体系结构、协议与规范、解决方案等各个维度解析。作为一个系统，有必要从需求分析、系统设计、实现、测试（品质控制）、部署、运维、升级等各个环节进行分析。本章从信任开始，综述分布式数字身份的相关架构和关键协议，并且提供几个相对成熟的解决方案供读者参考。

2.1　体系结构

身份系统要解决的基本问题是身份主体及其相关属性的认证问题。如图 2-1 所示，控制器（Controller）如何把认证因素和身份标识符（也可以认为是一个字符串）绑定，以及谁来充当控制器角色是体系结构的核心问题。

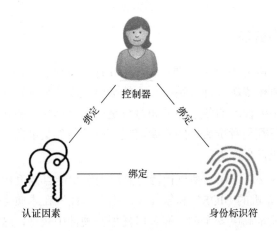

图 2-1　身份系统中控制器、认证因素和身份标识符的绑定

2.1.1　设计目标

任何系统的关键属性或特性都是基于场景分析的结果，每个关键属性都是为实现特定目标而设计的。增加一个属性往往意味着更复杂的关联关系、更多的研发投入和维护成本，因为在产品的整个生命周期中都必须为此考虑更多的产品维度。表 2-1 列举了 W3C DID 系统架构的主要设计目标，概述了它们的设计目标、

设计方向，或者说需求来源。系统的规划、架构、分析、设计、实现、运营都将围绕这些目标展开。

表 2-1　W3C DID 系统架构的主要设计目标

目　　标	简　　介
去中心化	消除集中式机构，包括注册全局唯一标识符、公共验证密钥、服务和其他信息
控制	赋予人类和非人类实体直接控制其数字身份标识符的权力和能力，而无须依赖外部机构
隐私	使实体能够控制其信息的隐私，包括属性或其他数据的最小化、选择性和渐进式披露
安全性	为请求方提供足够的安全性，使其能够依赖 DID 文档获得所需的保障级别
基于证明	使 DID 控制器能够在与其他实体交互时提供加密证明
可发现性	使实体能够发现其他实体的 DID，了解这些实体的详细信息，并且与这些实体进行交互
互操作性	使用可互操作的标准，以便 DID 基础架构可以利用专为互操作性而设计的现有工具和软件库
可移植性	独立于系统和网络，使实体能够将其数字标识符与支持 DID 和 DID 方法的任何系统一起使用
简捷性	支持一组简化的功能或工具，使该技术更易于理解、实施和部署
可扩展性	在可能的情况下，启用可扩展性，前提是它不会极大地妨碍互操作性、可移植性和简捷性

来源：W3C 官方网站。

2.1.2　架构分类

身份系统的功能并不只是管理身份，还要管理各种复杂的关系。身份系统需要提供记录、识别和依赖各种关系参与方的必要手段。所有管理都无法回避信任这个根本问题。如果管理的各个环节和对象是一颗颗珍珠，那么信任就是串起这些珍珠的绳。信任既是身份启用的必要前提，也是各类交易的底层逻辑。信任从哪里来，如何完成信任呢？

信任根（Root of Trust）是执行特定关键安全功能且高度可靠的硬件、固件（Firmware，如计算机的 BIOS）和软件等。由于信任根在本质上是受信任的，所以它在设计上必须是高度安全的。许多信任根在硬件中实现，这样恶意软件就无法篡改它们提供的功能。信任根为建立安全和信任提供了坚实的基础[50]。

我们可以根据体系结构和主要信任根（Primary Root of Trust）类型，将身份系统架构大致分为基于管理（Administrative）、基于算法（Algorithmic）和基于自主（Autonomic）3 种类型[51]。架构类型选择将影响控制器角色的选择。

1. 基于管理的身份系统架构

如图 2-2 所示，具有管理体系结构的身份系统依赖管理员将身份标识符绑定到身份验证因素上。

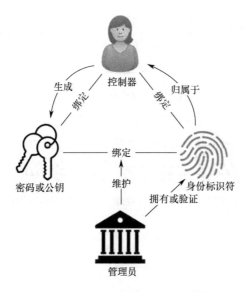

图 2-2　基于管理的信任基础[51]

　　管理员是主要信任根，负责管理控制器、身份标识符、密码或公钥三者之间的绑定关系，这意味着信任基础建立在管理员之上。

　　员工的错误、政策变更或黑客攻击都可能影响身份标识符与身份验证因素或身份标识符与控制器之间的绑定，因此，这些绑定关系相对较弱。

　　最典型的例子是带有证书颁发机构（CA）的域名系统（DNS）。DNS 将控制器绑定到域名标识符上，也将"mail.example.com"等域名映射到 IP 地址上，认证机构将具有域名的控制器绑定到来自密钥对的证书上，基于 DNS 的 URL 命名空间将 URL 标识符映射到资源上。

　　2. 基于算法的身份系统架构

　　在如图 2-3 所示，在具有算法信任基础的身份系统中，算法创建记录关键事件的分布式账本。分布式账本的要点是，任何一方都无权单方面决定这些记录是被创建、修改还是删除，以及如何排序。相反，系统依赖以分散方式执行的代码来做出这些决策。算法的性质、编写代码的方式，以及执行代码的方法和规则都会影响算法标识系统的完整性，从而影响它记录的所有绑定关系。

　　由程序员编写的算法以代码的形式存在并运行在服务器上。代码的编写方式、审查的可用性，以及执行的方式都会影响系统的信任基础。算法不仅指程序员编写的代码，还包括支持算法运行和整个生态运转的所有基础设施。

　　控制器以公私密钥对的形式生成身份验证因子，密码已经不再适用。

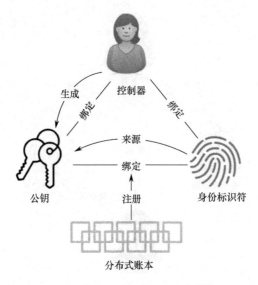

图 2-3　基于算法的信任基础[51]

　　公钥可以用于派生身份标识符且两者都在分布式账本上注册。此注册是控制器和身份标识符绑定的开始，因为控制器可以使用私钥来声明它对在分布式账本上注册的身份标识符的控制权。任何有权访问分布式账本的人都可以通过算法确定控制器和身份标识符的绑定是否有效。标记这些操作的事件记录在分布式账本上，换句话说，就是分布式账本成为事实来源。

　　3. 基于自主的身份系统架构

　　如图 2-4 所示，自主身份系统完全依赖自主主权的权威。

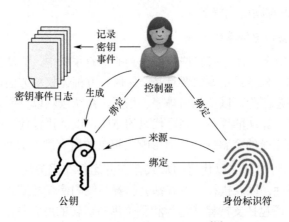

图 2-4　基于自主的信任基础[51]

自主身份标识符部分特点如下[51]。

（1）自主认证：自主身份标识符是自主认证的，不依赖第三方。

（2）自主管理：自主身份标识符可以由控制器独立管理。

（3）成本：自主身份标识符几乎可以自由创建和管理，成本可以忽略不计。

（4）安全性：由于密钥是分散存储的，所以没有可供窃取的"宝藏"。

（5）法规：由于自主身份标识符不需要公开共享或存储在特定组织机构的数据库中，所以可以减少对个人数据的监管担忧。

（6）规模：自主身份标识符随所有参与者的综合计算能力而扩展，而不是与某些集中系统一起扩展。

（7）独立：自主身份标识符不依赖任何特定技术，支持在线。

控制器生成公私密钥对，导出全局唯一标识符，并且可以与任何人共享标识符和当前关联的公钥。控制器使用其私钥对有关密钥操作及其与标识符绑定的声明进行权威且不可否认的签名，同时将这些声明存储在有序的密钥事件日志中。使自主身份系统成为可能的重要实现之一是关键事件日志（Key Event Log）只能在单个标识符的上下文中排序，而不是全局排序。因此，记录非公开标识符的操作不需要分布式账本。

关键事件日志可以与任何想查看它的人共享和验证。这些自主认证和自主授权的能力使标识符能够自主认证和自主管理，这意味着控制器不需要第三方，甚至不需要分布式账本来管理和使用标识符。

因此，任何人或实体都能够以独立、可互操作和可移植的方式创建和建立对标识符命名空间的控制，而无须求助任何其他机构，这使得自主身份系统完全依赖自主主权。

在上述 3 种身份系统架构中，基于算法的身份系统架构和基于自主的身份系统架构是去中心化的，而基于管理的身份系统架构存在单点故障风险，即第三方管理员。总之，基于管理的身份系统架构的安全性较低，因为对一方的攻击可能产生大量有价值的信息。基于管理的身份系统架构还依赖策略的隐私，而不是将隐私保护功能内置到架构中。3 种身份系统架构属性的比较如表 2-2 所示。

表 2-2　3 种身份系统架构属性的比较[51]

属　　性	基　于　管　理	基　于　算　法	基　于　自　主
控制权	管理员	控制器	控制器
信任源	管理数据库	分布式账本	关键事件日志

（续表）

属　　性	基 于 管 理	基 于 算 法	基 于 自 主
信任根	管理员	分布式账本	控制器
信任基础	管理员	分布式账本	密码学方法

参考表 2-2，架构师可根据系统建设目标选择合适的架构类型。架构类型是架构设计过程中的一个关键选择，选择的结果将直接影响系统治理框架。

2.1.3　治理框架

治理框架也被称为信任框架。治理框架的主要元素包括治理角色、治理对象、决策范围、决策程序，通俗地说就是人、事、规则。

从设计角度来看，治理框架是系统的关键属性之一，架构分类和治理框架紧密相关，治理框架决定系统角色分配。

1. 治理框架的目的

信任框架的存在是为了描述在整个信任社区（如去中心化的自治组织）中实施数字信任的政策、程序和机制。在绝大多数情况下，信任框架的起点是共同政策框架所依据的法律基础，它构成了信任框架的核心[52]。

治理框架的规则可分为如下 3 类。

（1）法律规则：适用范围包括管辖权、会员资格、责任、权利与义务、保险等。

（2）业务规则：包括管理加入资格、会员成本、运营成本、商业模式等。

（3）技术规则：包括用于互操作的标准和协议等。

SSI 在没有加入治理框架之前，是基于验证方信任发行方的。SSI 基本信任三角如图 2-5 所示。

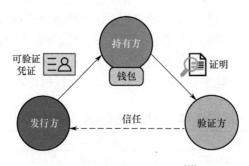

图 2-5　SSI 基本信任三角[52]

在加入治理三角后，变为治理信任三角，如图 2-6 所示。

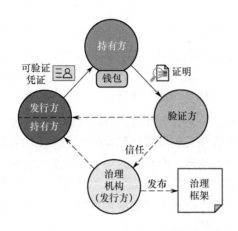

图 2-6　治理信任三角[52]

在加入治理三角后，治理三角占了一半，由验证方信任发行方变为验证方信任治理机构，当然发行方也可以是权威机构。

2. ToIP 栈

在如图 2-7 所示的 ToIP 栈治理栈和技术栈中也是如此，治理栈和技术栈平分秋色。ToIP 栈图与其他架构图不同的是，治理栈被单独拿出来与技术栈并列。

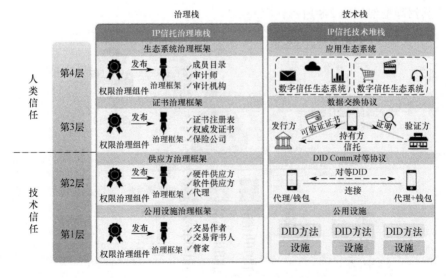

图 2-7　ToIP 栈治理栈和技术栈[52]

图 2-7 基本上是在图 1-9 的基础上增加了左侧的治理栈。从中可以得出 ToIP 栈治理的 3 个要点[52]。

（1）治理栈占整个协议栈的一半。大多数架构层堆栈，如作为互联网基础的 TCP/IP 堆栈，完全由技术组件组成，即协议和 API。但当涉及在全球信任社区内部和跨社区建立信任时，治理同样重要。对自主主权身份来说，信任模式从权威机构转向网络自身，治理栈变得更加重要。

（2）技术信任与人类信任分开处理。管理机器和协议的设计与部署方式使其受到人类的信任，这与管理人和组织必须做些什么才能相互信任的做法（如暗号和口令、证照）存在巨大差异。治理栈的第 1 层和第 2 层使用密码学、分布式网络和安全计算为技术信任奠定坚实基础。第 3 层和第 4 层具有人类才能判断的组件，即现实世界的可验证凭证及生产和消费可验证凭证的应用程序，它们一起为数字信任生态系统提供支持。

（3）每层需要不同类型的治理框架。每层都因其独特的需求而具有独特的结构、角色和流程，需要为每层量身定制治理策略。

1）ToIP 治理栈和技术栈的 4 层治理框架简介

第一层：实用工具治理框架（Utility Frameworks）

实用工具治理框架提供可验证数据注册表（VDR）服务公共设施的操作，上层需要依赖这些服务，如事务作者、交易背书人、管家等都属于底层工具集。实用工具治理框架如图 2-8 所示。

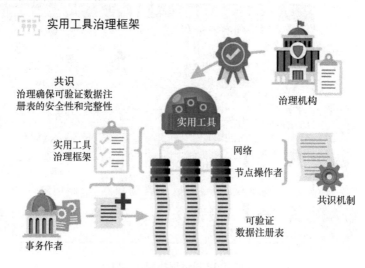

图 2-8　实用工具治理框架[49]

第二层：代理治理框架（Agent Frameworks）

代理治理框架具有数字钱包、代理和机构的功能，也称供应者治理框架，主要为硬件提供商（Hardware Provider）、软件提供商（Software Provider）和托管云的机构（Agency）等角色建立安全、可保护隐私和数据、可执行互操作性测试和认证程序等特性的基线。由于大量服务都与数据钱包持有方的活动密切相关，故第二层治理框架应涵盖机构的安全、隐私和数据保护，此外，还需要专门的机构提供数字监管服务。代理治理框架如图 2-9 所示。

图 2-9 代理治理框架[49]

第三层：凭证治理框架（Credential Frameworks）

凭证治理框架是从技术信任过渡到人类信任的一个环节，凭证信任三角形和治理信任三角形，以及现实世界的处理方式非常相似，凭证治理框架如图 2-10 所示。

图 2-10 凭证治理框架[49]

表 2-3 展示了凭证治理框架的标准角色和策略类型。其中，保险方在 SSI 角色中未出现。

表 2-3　凭证治理框架的标准角色和策略类型[52]

角　色	策　略
发行方	资格和注册 安全、隐私、数据保护 有资格颁发的证书和声明 身份和属性验证程序 保证水平 凭证吊销要求和时间限制 业务规则 技术要求
持有方	资格和注册 钱包和代理认证 反欺诈和反滥用
验证方	安全、隐私、数据保护 证明请求限制（反强制） 数据使用限制 业务规则
可验证数据注册表	安全、隐私、数据保护 接受 保留 删除 可用性 灾难恢复
保险方	保险单类型 资格 承保限额 （各种）率（Rates） 业务规则

需要注意的是，颁发给实际持有方和发布到可验证数据注册表的可验证凭证是不同的，这样做的目的是确保可验证数据注册表无法冒充实际持有方，同时也能够保障凭证的隐私性。

第四层：生态系统治理框架（Ecosystem Frameworks）

生态系统治理框架为整个数字信任生态系统奠定了基础，包括国家、行业（如金融、医疗保健、教育、制造业等）或其他任何类型、任何规模的信任社区。生态系统治理框架如图 2-11 所示。

图 2-11　生态系统治理框架[49]

审计师角色只在该层出现，负责独立的生态监督活动。

2）ToIP 栈的 4 层技术框架简介

第一层：公共工具

如图 2-12 所示，公共工具包括存储、DID 管理、方法解析等，这些工具为上层提供技术组件服务。

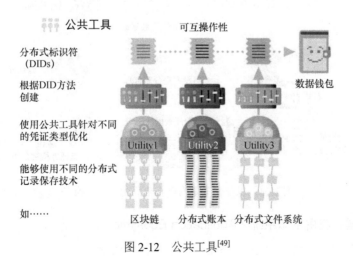

图 2-12　公共工具[49]

第二层：点对点协议

如图 2-13 所示为点对点协议。点对点、代理对代理、钱包对钱包的通信协议是 DID 互通的基础。

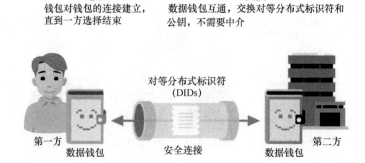

图 2-13　点对点协议[49]

第三层：数据交换

图 2-14 展示了以信任三角为核心角色的数据交换。

图 2-14　以信任三角为核心角色的数据交换[49]

第四层：应用生态系统（Application Ecosystem）

如图 2-15 所示是应用生态系统的一个具体应用示例。

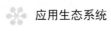

应用
使用分布式标识符和可验证
凭证来构建应用程序，从而
建立数字信任生态系统

图 2-15　应用生态系统的一个具体应用示例[49]

应用生态系统是普通用户日常生活中会接触的层面，是面向特定企业、组织、机构、个人使用场景的应用，是内容最丰富、工作量最大、参与人数最多的一个层级。应用生态系统更关注终端用户的实际需求，更贴近现实生活，技术方面的重要性也不像其他层级那么突出。相对而言，其商业模式更引人注目。

3. 治理框架文档组成

治理框架文档非常复杂，如 Sovrin 治理框架文件，其结构如图 2-16 所示。

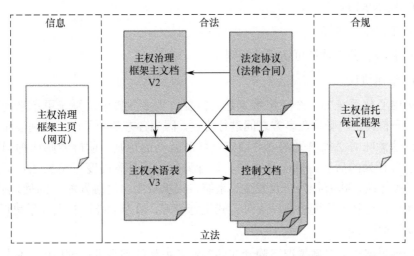

图 2-16　Sovrin 治理框架文件结构（V2）[53]

以下内容是由 ToIP 基金会治理堆栈工作组开发的治理框架的元模型文档结构简介。

主文档包括以下内容。

- 引言：整体背景和动机。
- 目的：一般是使命宣言。
- 适用范围。
- 原则：可作为根据来评估具体政策以确保其一致性的高级准则。
- 核心政策：通常是适用于整个治理框架的策略。
- 修订：管理如何修改治理框架本身。
- 扩展：管理如何将其他治理框架（在同一层或其他层）合并为扩展的策略。
- 控制文档进度表：治理框架中所有受控文档的列表，以及每个文档的状态、版本和位置。

其中，受控文件可以包括以下几种。

- 词汇表。
- 风险评估、信任保证和认证。
- 治理规则。
- 业务规则。
- 技术规则。
- 信息信任规则。
- 包容、公平性和可访问性规则。
- 法律协议。

去中心化系统的一个突出特点是它需要比大多数集中式系统更卓越的治理框架。分布式系统必须在多方之间进行协调，因为各方都为了自己的利益而独立行动，这意味着必须事先阐明并商定接触和互动的规则，明确激励或抑制的行为，明确行为的后果、诉讼和程序，让行为的后果具有高度可预见性和可执行性。可执行性意味着行为一旦发生，系统将根据规则自动触发相应的处理机制。与之相比，集中式系统通常以临时方式进行管理，因为中心控制点几乎可以"掌控一切"[52]。

治理框架在大多数情况下隐含在各类业务框架的整个设计过程中，本书把治理框架单独作为一个研究领域有利于构造更复杂的系统，很显然，分布式系统比集中式系统的建造和管理更复杂。治理框架作为管理分布式数字身份生态系统的一套决策体系，对没有权力中心进行决策的生态有效发挥作用非常重要，有很多崭新的特性。系统的最大价值往往隐藏在显而易见的界面之中和公开宣传的设计理念之下。

要在分布式网络中建立人类信任，需要建立业务和法律协议，这是治理框架的工作。治理框架决定了控制器角色。

2.1.4　概要架构

简单来说，DID 架构的核心是标识符（Identifier）和凭证（声明集合）。标识符在 DID 方法中是唯一的。DID 方法在规范中有特定的含义，专为标识符提供上下文（Context），以区分相同的字符串在一个系统中是电话号码而在另一个系统中是商品条形码的情况。

DID 概要架构如图 2-17 所示。

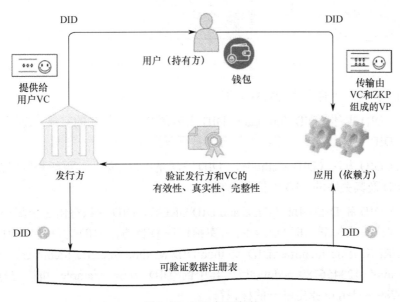

图 2-17　DID 概要架构

从图 2-17 中可以看出，可验证数据注册表是关键部件，信任三角是 DID 核心业务模式，标识符管理和可验证凭证等是具体业务对象的设计和实现，应用即依赖方。

2.1.5　基本组件及关系

图 2-18 描述了从研发视角看到的 W3C DID 系统基本组件及其引用关系，所有关系的核心是如何使用 DID 实现"信任三角"关系。

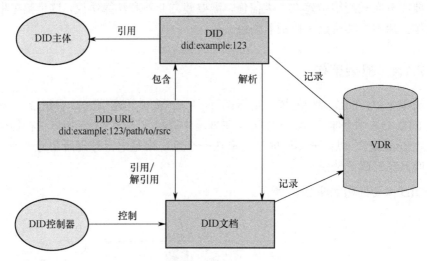

图 2-18　W3C DID 系统基本组件及其引用关系[54]

图中出现的组件和概念解释如下。

（1）DID 主体（DID Subjects）。DID 主体是 DID 所标识的实体。任何实体都可以是 DID 主体，如人、组织、设备，甚至概念等。

（2）DID 方法（DID Methods）。DID 方法是创建、解析、更新和停用特定类型的 DID 及其关联的 DID 文档的机制。

（3）DID 和 DID 网址（DIDs and DID URLs）。DID 标识符由 3 个部分组成，以冒号"："为分隔符，即 DID URI 方案标识符:DID 方法:DID 方法特定的标识符（DID URI Scheme Identifier:DID Method:DID Method-Specific Identifier）。例如，"did:example:123456789abcdefghi"，其中的 DID 方法 example 和特定标识符 123456789abcdefghi 指定唯一的标识符。

DID 可解析为 DID 文档。DID URL 扩展了基本 DID 的语法以合并其他标准 URI 组件，如路径（Path）、查询（Query）和片段（Fragment）等，用来查找特定资源，如 DID 文档中的加密公钥或 DID 文档外部的资源。

（4）DID 文档（DID Documents，DID Doc）。DID 文档包含与 DID 相关的信息，它们通常表示验证方法，如加密公钥及与 DID 主体交互相关的服务。DID

文档的引用如图 2-19 所示。

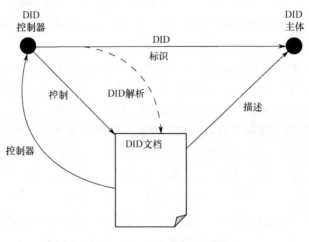

图 2-19　DID 文档的引用[54]

（5）DID 控制器（DID Controllers）。DID 控制器是具有对 DID 文档进行更改的能力的实体（个人、组织或自治软件）。不同的 DID 方法可以指定不同的方式，通过人类和非人类（如算法）的组合来实施控制，具体由 DID 方法的治理框架决定。

图 2-19 所示的设计类似传统的 MVC 模式（Model-View-Controller Pattern），把界面、实体和控制分开，模块界限清晰，分工协作。界面、控制和数据（模型、实体）分离更容易表述各个组件之间的动态关系，有利于控制的实现和维护。

（6）可验证数据注册表（Verifiable Data Registries，VDR）。DID 标识符通常记录在某种底层系统或网络上，以便解析为 DID 文档。无论使用何种技术，任何支持记录 DID 标识符并返回生成 DID 文档所需数据的系统都可以称为可验证数据注册表，包括区块链、分布式账本、分布式文件系统、任何类型的数据库、点对点网络，以及其他形式的可信数据存储等。在实践中，为了规避前文提到的集中式存储的缺点，更倾向于使用成熟的分布式存储技术。

（7）DID 解析器和 DID 解析（DID Resolvers and DID Resolution）。DID 解析器是一种系统组件，它将 DID 作为输入并生成符合要求的 DID 文档作为输出，此过程称为 DID 解析。解析特定类型 DID 的步骤由相关的 DID 标识符规范定义。

DID 解析器提供 DID 解析服务，能够根据 DID 查询对应的 DID 文档，同时提供 DID 的 CRUD（创建 Create、读取 Read、更新 Update、删除 Delete）功能。例如，DIF Universal Resolver 是由 DIF（Decentralized Identity Foundation）提供的 DID 通用解析服务。

（8）DID URL 解引用器和 DID URL 解引用（DID URL Dereferencers and DID URL Dereferencing）。DID URL 解引用器是一个系统组件，它将 DID URL 作为输入，并在生成资源后输出，此过程称为 DID URL 解引用。简单地说，解引用就是根据引用地址获得实际资源，如同在浏览器中输入地址打开网页。

DID 是由 DID 控制器分配的标识符，用于引用 DID 主体并解析为描述 DID 主体的 DID 文档。DID 文档是 DID 解析的工件（Artifact），或者说是一个用来描述 DID 的组成部分，而不是与 DID 主体不同的其他资源。

用于发现有关 DID 主体的更多信息的选项取决于 DID 文档中存在的相关属性。如果服务属性存在，则可以从服务端点（Service Endpoint）请求更多信息。例如，通过查询支持描述 DID 主体的一个或多个声明（属性）的可验证凭证的服务端点，可以请求更多信息。

简单地说，resolve 是根据 DID 返回 DID 文档的过程，dereference 是根据 DID URL 返回所需资源的过程，如图 2-20 所示。

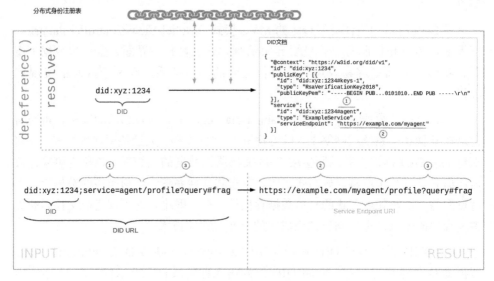

图 2-20　resolve 和 dereference[55]

2.2 协议与规范

W3C、DIF、RWOT、ToIP 等组织机构都在积极推动 SSI 的发展与落地，并且取得了大量成果。本节将简述与 DID 密切相关的部分协议与规范的成果及进展，同时解释 SSI 体系结构的一些关键部分。DID 协议与规范的关系如图 2-21 所示。

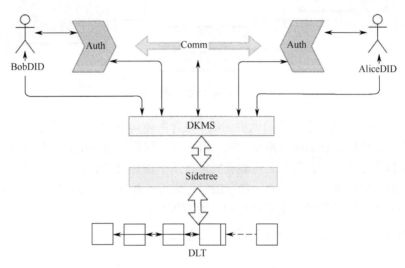

图 2-21 DID 协议与规范的关系

在 DID 主体（代理）完成认证（Auth）后，通过 Comm 传递消息。Auth 和 Comm 都要用到存储在 DKMS 上的公钥或凭证等。DKMS 要借助 Sidetree 完成与分布式账本的交互。篇幅所限，本章和第 3 章仅介绍 DID 部分的规范和协议。

2.2.1 W3C DID 与 VC

W3C 推动的分布式标识符和可验证凭证规范分别定义了代表实体的身份标识符及与之关联的属性声明，表达了一个抽象的字符串和具体业务内容的绑定模式，它们共同支撑了分布式数字身份基础模型和可验证凭证流转模型的有效运转。

W3C DID 规范包括对 DID 标识符、DID 文档、数据模型、DID 文件语法等内容的标准化。W3C DID 标准的结构如图 2-22 所示。

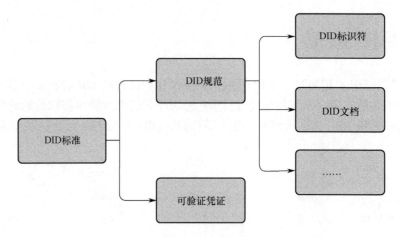

图 2-22　W3C DID 标准的结构

可验证凭证是现实世界的纸质凭证（包含主体属性的文档）用数字表示的标准格式，这些凭证在加密后是安全的，可通过计算机进行验证，并且通过启用如最小披露等方法来保护隐私。可验证凭证可用于描述身份凭证，如文凭、驾驶执照、护照、保险卡、出生证明、疫苗接种记录等，并且它们包含持有方与发布方关联的 DID、签发日期和失效日期的元数据属性。

DID 与 VC 是分布式身份系统的核心数据。

2.2.2　RWOT DID Auth

在重启可信网络（Rebooting the Web Of Trust, RWOT）工作组的 DID Auth 规范中，将 DID 身份验证（DID Auth）定义为一种仪式（Ceremony），其过程是凭证持有方使用各种展示工具，如 Web 浏览器、移动设备和其他代理等，向依赖方证明持有方拥有并控制了指定的 DID，也就是让依赖方相信"我是我"或"我是谁"。仪式的核心是"可验证"。

与 TLS（Transport Layer Security）1.3 实现的不同之处在于，其使用了存储于分布式可验证数据注册表（VDR）中的 DID 公钥而不是 X.509 证书。DID 身份验证允许两个 DID 持有方以高度确定性相互进行身份验证（前提是私钥没有被破解、盗窃、拦截等），并且可以建立一个短暂、安全的通信通道，让身份验证流程正常工作。

Diffie-Hellman 密钥交换协议（Diffie-Hellman Key Exchange，DHKE）的密钥配送（Key Distribution）过程示例如下[56]。

（1）客户端设置基元（Primitives）。

- 客户端 DID（客户端希望与之关联的 DID）。

- 客户端生成一个随机数（nonce），算法如下：

$$nonce = g^{\text{secret key}} \bmod p$$

当 $g = 3$，$p = 17$，secret key $=15$ 时，$3^{15} \bmod 17 = 6$，得到 nonce $= 6$。

（2）客户端包消息。

{ 明文 [客户端 DID, g, p, 随机数]，使用与 DID 文档公钥对应的私钥进行签名的结果字符串 }

（3）客户端向服务端（或其他通信伙伴）发送消息。

（4）服务端收到消息。

（5）服务端验证收到的消息。

- 服务端查找客户端 DID 的 DID 文档。

- 服务端验证签名。

- 如果签名有效，服务端生成请求 A，否则生成请求 B。

  - 请求 A（有效）：服务端 DID（服务端希望与之关联的 DID）生成随机数，$nonce = g^{\text{secret key}} \bmod p$，secret key $=13$，$3^{13} \bmod 17 = 12$；

  - 请求 B（无效）：标准 401 HTTP 响应。

（6）服务端包消息。

{ 明文[服务端 DID, g, p, 随机数]，使用与 DID 文档公钥对应的私钥进行签名的结果字符串}

（7）服务端向客户端发送消息。

（8）客户端验证消息。

客户端验证消息时，将共享私钥用作对称加密密钥。

- 客户端通过计算生成共享私钥（对称加密密钥）：$12^{15} \bmod 17 = 10$

- 服务端通过计算生成共享私钥（对称加密密钥）：$6^{13} \bmod 17 = 10$

（9）客户端和服务端已相互认证并建立加密通道。

现在可以使用可验证凭证、HTTP 签名、JWT（JSON Web Token）等来维护连续的相互身份验证。

DID 身份验证可以借助双方的"密钥对"实现，这基于公钥公开而私钥在自有设备上的设计方案，其实现流程如下。

（1）A 用 B 的公钥加密一个随机字符串后发送给 B。

（2）B 用私钥解密后，再用 A 的公钥加密发送回 A。

（3）A 用私钥解密，比较收到和发出的随机字符串的一致性，即可证明双方对各自 DID 的控制。

DID 身份验证是 DID 交互的第一个动作。先让对方知道"我是谁"，同时确认对方是谁，然后再进行下一步的通信。

2.2.3　DIF DID Comm

DID Comm 消息传递（DID Communication Messaging）的目的是提供一种基于 DID 分布式设计的安全、私密的通信方法。DID Comm 消息传递定义了消息如何组合到应用级协议和工作流的更大原语（Primitive）中，同时无缝保留信任[57]。

去中心化身份基金会（Decentralized Identity Foundation，DIF）推动的 DID 通信（DID Communication，DID Comm）协议及规范，包括 DID Comm 消息结构规范、DID Comm 消息加密规范、DID Comm 相关传输规范等。基于 DID Comm 结构建立的协议除了包含建立 DID 连接、凭证请求与签发、身份验证等内容，还可以针对各种丰富的主体进行自定义。

2.2.4　DKMS

分布式密钥管理系统（Distributed Key Management System，DKMS）是一种加密密钥管理的新方法，旨在将区块链或分布式账本技术相结合以实现密钥管理。DKMS 颠覆了传统公钥基础设施（Public Key Infrastructure，PKI）架构的核心假设，即公钥证书由集中式或联合证书颁发机构（CA）颁发。在 DKMS 中，所有参与者的初始信任根是一个分布式账本，它支持分布式标识符的根身份记录[58]。

传统 PKI 解决方案的思路是利用加密手段保障数据信息的私密性，利用非对称的加密手段确保密钥的安全保密，利用单向加密（数字签名）保证数据的完整性，以及利用非对称的加密手段增强完整性保障，并提供身份验证的能力，然后通过权威机构发布数字证书提供完整的身份认证及不可抵赖性。这样就形成了一个完整的数据信息安全保障与通信双方可信赖的完整链条。

传统 PKI 的要点如下。

- 保密是相对的，加密总有被破解的时候，或者说保密有时效性。

- 数据的保密过程中需要保密的环节及信息越多，其泄露的风险就越大。
- PKI 体系需要基于信任和权威机构的公信力。
- PKI 只解决数据通信的安全问题。

无论多么周密、严谨、细致，任何技术和流程都会有漏洞，数据都存在泄露风险。在与安全相关的所有环节中，人永远是最不确定、最不可控的因素，因此安全的发展方向是尽量消除人对数据的影响和干预。

相比基于传统 PKI 的身份体系，最大限度地去除了运行过程中的人为干预，基于去中心化公钥基础设施（Decentralized Public Key Infrastructure，DPKI）建立的去中心化身份系统能够在更大程度上保障数据真实可信、保护用户隐私安全，具有更强的可移植性，系统的可靠性、稳定性都有所提高。

DKMS 规范将涵盖图 2-23 中的边缘层和代理层。边缘层主要生成和存储私钥，代理层进行加密的对等通信，以交换和验证 DID、公钥和可验证凭证。代理层提供的 DKMS 核心功能包括 DID 解析、加密钱包备份与同步、通知推送、实时公钥验证、账外交换、可验证凭证的验证，以及加密私有 P2P 通信通道的引导[58]。

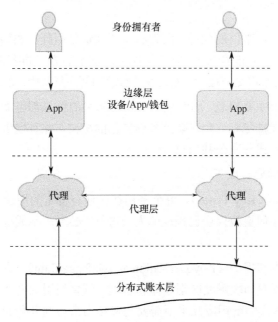

图 2-23　DID 分层架构[58]

DKMS 要解决的基本问题均和密钥相关，主要包括以下几点。

（1）需要哪些密钥及其用途，应在哪里存储它们，以及如何保护它们。

（2）当密钥丢失或损坏时如何恢复，如何根据需要轮换密钥，以及不再需要时该如何吊销密钥。

（3）密钥可以分发给其他主体（如代理），但必须由其持有方控制。

DKMS 可以将区块链或其他分布式账本作为安全共享公共数据存储，任何分散的安全系统都可以完成这项功能，不限于某个厂家或品牌的特定系统，这体现了规范的开放性。参与存储的第三方的作用仅限于确保系统的安全性和完整性。持有方对他们写入存储的数据负责。存储系统仅作为一个值得信任的存储而已，即用户能够信任写入其中的数据不被存储系统本身修改或损坏。

例如，Alice 可以将她的公钥与可以访问她的端点一起写入存储系统，Bob 可以对他的公钥执行相同的操作，并且可以联系 Alice 并使用存储系统上的公钥对她进行身份验证。为了防止入侵者或窃听者覆盖其公钥，存储系统协议应该将更新权限限制为仅能使用主体的主私钥，加密其他密钥。用户可以使用任何方法来验证其操作，其中密钥签名相对容易执行和验证。如果 Alice 想要替换她的密钥，她只需将新密钥追加到分布式账本即可，不需要在物理上替换原来的密钥，也不可能替换。

密钥管理是一项艰巨的任务，因为它需要知道使用什么类型的加密方法，哪些加密系统更安全，应该多久更改一次，如何以安全的方式将密钥分发给其他人，如何指定哪些密钥不再受信任，在丢失或被盗后如何恢复密钥，以及如何保护它们。

隐私也是一个主要问题，因为任何与隐私相关的信息都可能被用来对付主体自身。DKMS 应保护隐私，允许端点管理自己的机密，并且提供一种建立信任的方法，以安全的方式分发公共信息。

DKMS 设计的要点如下[72]。

（1）密钥类型（Key Types）。每个密钥都应该有特定的用途。DKMS 必须证明对数据所做的任何更改仅由已授权的人员进行，必须忽略或标记所有未经授权的请求。

（2）密钥派生和保护（Key Derivation and Safeguarding）。在创建和使用密钥时，应根据使用频率和敏感度区别存储和管理。频繁使用的密钥在丢失时具有较小的风险，因此这样的密钥应几乎不需要花费精力来访问并且应该用于更具体的目的，如每天多次与特定端点通信。使用频率较低的密钥更敏感，如果丢失会带来较大的风险，因此应该需要更多的精力来访问，更长的检索时间，并用于更通用的目的，这些被称为稀有密钥。罕见的密钥类似于对持有方操作进行身份验证的主私钥，这类密钥如果被持有方以外的任何人掌握，后果将非常严重，甚至导致自己失去对自己身份的控制。如果密钥被盗，在集中式管理方式下，可以向管理员申诉；在去中心化方式下，需要研究新的方法来解决。

（3）密钥恢复（Key Recovery）。有多种方法可用于创建和管理密钥。所使用的创建、管理方法会影响到如何恢复密钥。

（4）密钥吊销（Key Revocation）。所有密钥系统都有一个关键要求，即可以吊销密钥。仅忘记密钥是不够的，因为无法知道密钥是否已被泄露。验证方必须有一个密钥吊销解决方案，以检查哪些密钥不应再受信任，并且允许持有方列出其已吊销的密钥。

（5）密钥轮换（Key Rotation）。为了确保安全，应尽可能频繁地更改密钥以降低被篡改的风险。

相比传统的密钥管理系统，DKMS 具有如下优势[58]。

（1）无单点故障（No single point of failure）。使用 DKMS，没有集中式 CA 或其他注册机构，整个系统的可靠性和可用性将得到提升，不会因为某个核心机构系统故障而导致整个系统无法访问。这也减轻了参与 DKMS 的各个机构的系统压力，使得各系统总体上降低了建设和运营成本。

（2）互操作性（Interoperability）。DKMS 使任何两个应用程序和身份持有方能够执行密钥交换并创建加密的 P2P（Peer to Peer，点对点）连接，无须依赖专有软件或服务提供商。

（3）韧性（Resilience）。韧性也称复原力。DKMS 结合了分布式存储的高可靠性和高伸缩性，原生有巨大的复原能力。

（4）密钥恢复（Key Recovery）。DKMS 具备原生密钥恢复能力，而不是特定于应用或指定域的密钥恢复解决方案。密钥是 DID 的核心对象或属性之一，因此 DKMS 也是 DID 的核心系统。

2.2.5　KERI

关键事件接收基础设施（Key Event Receipt Infrastructure，KERI）是一个致力于实现 IETF 标准的项目，是基于关键变更事件的分布式密钥管理基础设施。KERI 既支持可证明的关键事件，也支持基于共识的关键事件验证[59]。

KERI 宣称自己是第一个真正完全去中心化、无账本、真正可移植的身份系统[59]。

KERI 是一种协议，它提供了一组简单的规则，说明如何在控制器、标识符和密钥对之间实现强绑定，而不牺牲标识符的功能，它通过其基本架构中的可靠安全原则来实现这一目标。KERI 以可附加的私人微账本形式生成一种"DID 文档"，其中包含用于交易验证的加密链接事件集。

KERI 具有基于加密的自认证标识符（Cryptographic Self-certifying Identifiers）的分布式安全信任根。它使用密钥事件日志的哈希链式数据结构，可实现环境加密可验证性。换句话说，任何人都可以随时随地验证任何日志。它对共享数据具有可分离的控制，这意味着每个主体对其标识符拥有真正的自主权。

KERI 有望为 DID 提供一种简单、经过改进的 DKMS 替代解决方案[60]。

2.2.6　Sidetree

锚定系统（Anchoring System）也称见证系统（Witness System），可以确定性地验证推导 DID 的当前 PKI 状态[46]，如比特币、以太坊等。

Sidetree 是一种用于创建可扩展的 DID 网络的协议，可以在任何现有的去中心化锚定系统中运行，并且与它们使用的底层锚定系统一样开放、公开和无须许可。该协议允许用户创建全局唯一的、用户控制的身份标识符并管理其关联的 PKI 元数据，并且这些都不需要集中机构或受信任的第三方。协议使用的身份标识符和数据模型符合 W3C DID 规范[46]。

锚定系统每秒执行的事务数（Transactions Per Second，TPS）一般都比较低，如比特币的 TPS 大概为 7，以太坊的 TPS 大概为 21。如果把 DID 相关数据发布到锚定系统，那么会遇到严重的性能问题，由此产生了 Sidetree 或类似协议，其整体架构如图 2-24 所示。

从图 2-24 中可以看出，Sidetree 在 DID 和锚定系统（如比特币区块链）之间增加了一个缓冲区（Buffer），这是连接两个处理速度不一致系统时的常规处理方式。

图 2-24 中的星际文件系统（InterPlanetary File System，IPFS）是一种由内容和身份寻址的超媒体分发协议。它支持创建完全分布式的应用程序，目的是使 Web 更快速、安全、开放[62]。

Sidetree 的原理是 Sidetree 节点互相连接构成一个 P2P 网络，每个 Sidetree 节点都对外暴露 REST API 来处理 DID 的 CURD 操作。

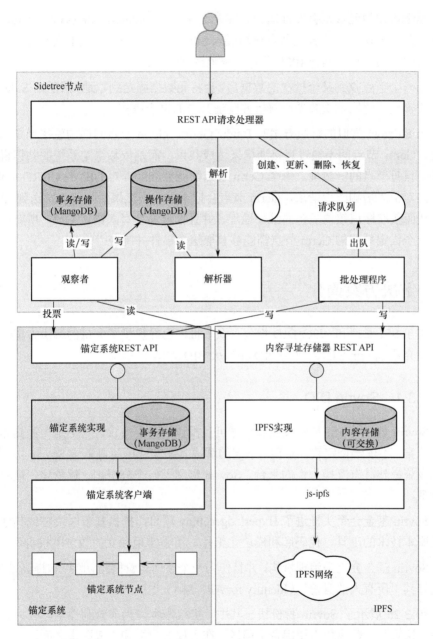

图 2-24　Sidetree 整体架构[61]

Sidetree 节点尽可能多地收集 DID 操作，然后把这些 DID 操作打包，同时创建一个锚定系统交易并在交易中嵌入该操作批次的哈希值。

这批操作的元数据会被推送到内容寻址存储（Content-Addressable Storage，CAS）上，如 IPFS。当其他节点获知嵌入 Sidetree 操作的底层链上交易后，这些节点将向原始节点或其他 IPFS 节点请求该批次数据。

当一个节点收到某个批次的数据后，会将元数据固定到本地，然后由 Sidetree 核心逻辑模块解压批次数据来解析并验证其中的每个操作。

与 Sidetree 类似的解决方案有 Baidu Germ。Germ 节点同样构建在锚定系统之上，Germ 节点间不通过直接通信来达成共识，而是依赖锚定系统的共识机制来保证自身节点的一致性。每个 Germ 节点都能独立处理对 DID 的 CURD 操作。其中，对于"增删改"请求，Germ 节点会把请求数据汇聚后打包，发送到 IPFS 中，从而获取标识该请求包的唯一地址，并且把该地址写入锚定系统，所有连接到同一个锚定系统的 Germ 节点都能够获取这个事件并响应[63]。

2.3 解决方案简介

基于 SSI 原理和 W3C DID 规范，众多机构已经提供了大量的解决方案，这里简单介绍 Sovrin DID、微软 DID 和星火 BID 方案。

2.3.1 Sovrin DID

Sovrin 是一种 SSI 基础设施和全球可互操作的身份协议，它不是一种具体的解决方案，不依赖特定软件实现，不同的解决方案实现厂商可基于 Sovrin 协议和基础设施搭建具有互操作性的平台。Sovrin 定义了一个分层化、解耦化、模块化的模型。

Sovrin 基金会牵头推进了 Hyperledger Indy 项目，提供基于区块链或其他分布式账本技术的工具、代码库和模块化组件，用于实现独立的数字主权身份。

Sovrin 基金会充当治理机构，并且作为一个整体运营网络，监控和提高绩效，以支持其"所有人的身份"（Identity for All，I4A）[65]。

图 2-25 展示了 Sovrin 身份栈。其中，主权账本作为非营利性全球公共事业存在，这有利于解决账本使用费用问题。在主权客户端和主权账本之间，主权代理商起到桥梁作用，是一个衔接上下的中间件。主权代理商是一种典型的解决多对多场景的设计模式。

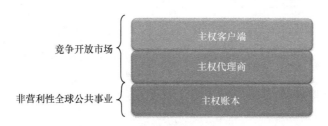

图 2-25　Sovrin 身份栈[65]

Sovrin DID 相关的 DID 方法如下。

- sov
- indy

Sovrin DID 举例[66]如下。

- did:indy:sovrin:7Tqg6BwSSWapxgUDm9KKgg
- did:indy:sovrin:staging:6cgbu8ZPoWTnR5Rv5JcSMB
- did:indy:idunion:test:2MZYuPv2Km7Q1eD4GCsSb6

2.3.2　微软 DID

微软是 DIF 联盟的重要成员，它以标准的开源技术、协议和参考实现为主要目标。

微软 DID 是一套基于 Azure 云服务的 DID 技术架构和基础功能，让解决方案实施商可以方便地在不同区块链上实现 DID 整体解决方案。

在 DID 注册和查询过程中，为解决公链效率低下的问题，微软和 DIF 联盟的几个成员发起了 Sidetree 协议。

身份覆盖网络（Identity Overlay Network，ION）由微软开发，并且在比特币区块链上使用 Sidetree 协议构建。ION 的目标是消除应用程序和平台对身份标识符的控制，使得任何人或实体都无法控制用户的识别信息。ION 的公钥基础设施是去中心化的，这意味着私钥和公钥对不再由一个集中机构进行管理，本质上为每个用户提供对其标识数据的安全访问。

微软 DID 的技术架构如图 2-26 所示，主要包括区块链 BAAS（Blockchain As A Service）、注册 DID 的 ION 服务、隐私数据管理模块（Identity Hub），它们都为开发者提供 API 服务，ION 和 Identity Hub 还提供了开源软件。

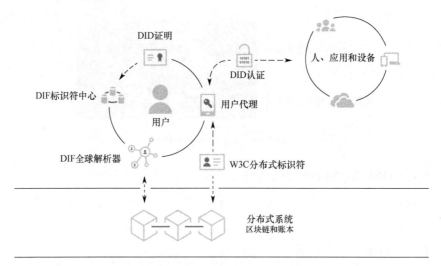

图 2-26　微软 DID 的技术架构[67]

微软 DID 的技术特点如下。

- 通过 BAAS 向不同区块链注册 DID，成为被广泛使用的中间层，实现 DIF 确立的互联互通目标。

- ION 方法是 Sidetree 协议基于比特币网络的实现，用于解决向公有链注册 DID 效率低下的问题。

- Identity Hub 为开发者提供了管理用户隐私数据的基础模块。

微软 DID 依托 Azure 云服务支持多种分布式账本协议，并且注册了基于该分布式账本的 DID 操作方法，为开发者隐藏分布式账本的接入细节并提供（Restful API）接口。

目前微软 DID 支持以下两种 DID 方法。

（1）ion-test：注册到比特币测试网络。

（2）test：注册到微软数据库。

微软 DID 举例如下。

- did:ion:EiD3DIbDgBCajj2zCkE48x74FKTV9_Dcu1u_imzZddDKfg

2.3.3　星火标识

星火标识（Blockchain-based IDentifier，BID）是星火·链网的数据载体，星火数字身份系统结构如图 2-27 所示，以星火·数字身份平台为基础 VDR，实现 SSI 信任三角。

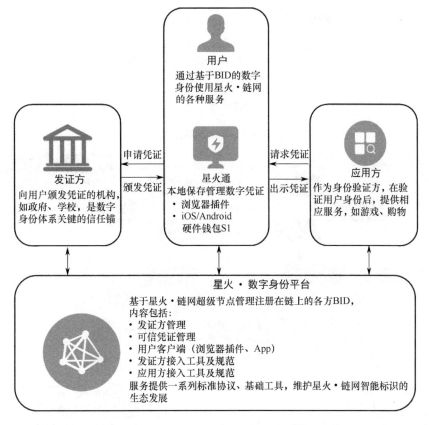

图 2-27 星火数字身份系统结构[64]

BID 依托星火链主子链架构，是一个层次化的模型，由主链和子链组成。主链和子链支持标识解析服务，对外提供解析 BID 标识的能力。同一个私钥在主链和子链上使用相同的数字身份，星火链主链上的 BID 没有 AC 号（Autonomous Consensus System Number，ACSN，共识码），子链上的 BID 在前缀和后缀之间增加了子链的 AC 号，以区分同一个私钥控制的同一个账户在不同子链上的地址。AC 号是星火·链网中代表子链合法性的唯一代码，是由骨干节点申请，超级节点签发的子链身份代码（简称链码）。

BID 的组成结构如图 2-28 所示。

如图 2-29 所示为 BID 架构，主链主要存储 BID 在主链的数字身份信息、在主链的基本属性信息和到子链的寻址信息；子链存储在子链的数字身份信息和在子链的基本属性信息，如与子链所处行业相关的信息、具体标识的设备信息等。

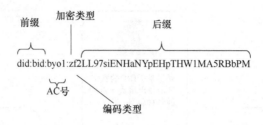

图 2-28　BID 的组成结构[68]

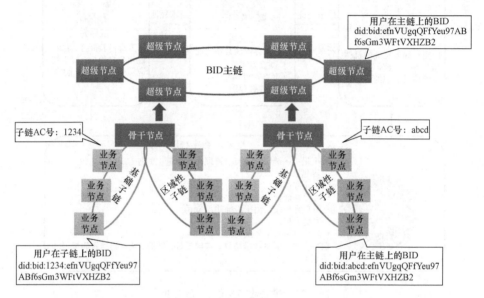

图 2-29　BID 架构[68]

第 3 章
分布式数字身份标识符详解

几个身份标识符的示例如下。

- did:indy:sovrin:7Tqg6BwSSWapxgUDm9KKgg

- did:ion:EiD3DIbDgBCajj2zCkE48x74FKTV9_Dcu1u_imzZddDKfg

- did:bid:byol:zf2LL97sENHaNYpEHpTHW1MA5RBbPM

本章将详细介绍身份标识的构成与特点。

DID 是一个全局唯一标识符，它以加密方式生成，并且通过身份持有方选择与 DID 兼容的存储系统进行自主注册，因此它不需要集中注册机构。每个 DID 都指向一个 DID 描述对象（DID Description Objects，DDO）、一个 JSON-LD 对象（包含关联的公钥）和一个支持与持有方进行对等交互的存储系统外代理的地址[72]。

图 3-1 列出了 DID 的基本组件、关键属性及组件之间的关系。

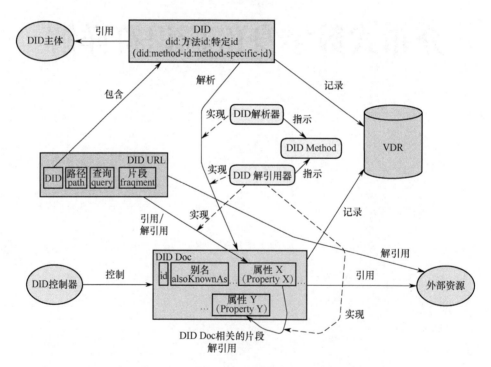

图 3-1　DID 的基本组件、关键属性及组件之间的关系[54]

与图 2-18 相比，图 3-1 增加了组件内部组成，组件间的关系更加详细，以便细致地讨论 DID 架构及其运转模式。

3.1　DID

去中心化标识符（Decentralized Identifier，DID）是与实体（Entity）关联的基于 URL 的可移植标识符。DID 标识符常用于可验证凭证中，并且与主体（Subjcct）相关联，以便可验证凭证本身轻松地从一个存储库移植到另一个存储库，而无须重新颁发凭证。

3.1.1　特征

DID 具有以下必要特征[69]。

1. 不可重新分配

DID 应为永久且不可重新分配的。永久性确保标识符始终指向同一实体。因此，与可以重新分配的标识符（如域名、IP 地址、电子邮件地址或手机号码）相比，DID 更私密、安全。永久性对用户控制和自主主权至关重要，这也意味着 DID 的发布数量没有限制。

2. 可解析

通过解析让 DID 可用，要确保 DID 是可操作的。解析操作可以把抽象的身份标识符映射到具体主体的详细信息。

3. 加密可验证

DID 应被设计为与加密密钥相关联的，主体可以使用这些密钥来证明其所有权。DID 的解析结果可能会被加密签名，以确保其完整性。交换了 DID 的各方可以相互进行身份验证并加密其通信。

4. 去中心化

DID 应在没有集中注册机构的环境下运行。根据给定的 DID 方法，它们也可以在任何一方或实体的职权范围外创建和更新，从而增加审查阻力。

3.1.2　格式

DID 是一个特定格式的字符串，用来代表一个实体的数字身份。

DID 必须遵守增强型巴科斯范式（Augmented Backus–Naur Form，ABNF）规则。

DID= "did:" method-name ":" method-specific-id

- method-name = 1*method-char
- method-char = %x61-7A / DIGIT
- method-specific-id = *(*idchar ":") 1*idchar
- idchar = ALPHA / DIGIT / "." / "-" / "_" / pct-encoded
- pct-encoded = "%" HEXDIG HEXDIG

DID 的常见示例是 did:example:123456abcdef。

前缀"did："是固定的，表示这个字符串是一个 did 标识字符串。

中间的"example"被称为 DID 方法，用来表示这个 DID 标识是用哪套方案（方法）来进行定义和操作的。DID 方法可以自定义，并且注册到 W3C 网站中。DID 方法也可以理解为命名空间（Namespace），或者实现并注册了特定 DID 操作方法的厂商名称的缩写，如 sov、indy、ion、bid 等。

后面的部分"123456abcdef"是在该 DID 方法下的唯一标识字符串，类似于身份证号码。

DID 并未附加与该数字身份实体相关的现实世界属性，因此不是一个完整的数字身份表达。DID 解析器允许将 DID 作为输入，返回 DID 文档的相关元数据，该元数据遵循如 JavaScript Object Notation（JSON）等规范。

DID 的设计使其可以与集中式注册表、身份提供程序和证书颁发机构分离，并且让 DID 控制器能够证明对它的控制权，而无须任何其他方的许可。

DID 本身只是一个将 DID 主体与 DID 文档相关联的 URI，允许实现与该主体关联的可信任交互。

3.1.3　创建

DID 的创建是指每个 DID 方法定义的过程。一些 DID 方法（如 did:key）是纯生成式的，因此 DID 和 DID 文档是通过将单个加密材料转换为一致的表示形式来生成的。其他 DID 方法可能需要使用 VDR，其中，DID 和 DID 文档仅在注册完成后才能被第三方识别为存在，其他进程可能由相应的 DID 方法定义。

3.1.4　确定 DID 主体

DID 可以看作一种特殊类型的 URI（统一资源标识符）或地址，因此可以引用任何资源。"资源"指可标识的任何内容，可以是数字的或物理的、抽象的或具体的。DID 引用的资源是 DID 主体。

由 DID 控制器确定 DID 主体。

3.1.5 DID 控制器

DID 控制器是有权对 DID 文档进行更改的实体。授权 DID 控制器的过程由 DID 方法定义。

DID 通常只对机器有意义，不考虑人类的阅读感受。只有将 DID 解析为 DID 文档，获取有关 DID 的可验证凭证或其他描述内容，才能发现有关 DID 主体的详细信息。

虽然检索到的 DID 文档中的 id 属性值必须始终与要解析的 DID 匹配，但 DID 引用的实际资源是否可以随时间变化则取决于 DID 方法。例如，允许 DID 对象进行更改的 DID 方法可用于为特定角色的当前占用者（如经理、主管、岗位等）生成 DID，其中，占用该角色的实际人员会变更，具体取决于 DID 的解析时间。

3.2 DID 文档

DID 文档是一个可以使用可验证数据注册表访问的文档，其中包含与特定 DID 相关的信息，如关联的存储库和公钥信息。

DID 或 DID 文档本身没有个人信息，并且推荐个体不要将个人信息放在 DID 文档中，但是可以将 DID 和个人信息通过可信赖机构（如政府部门）进行验证。

每个 DID 标识符都会对应一个 DID 文档，DID 文档在格式上是一个 JSON 字符串。

DID 文档是一个通用数据结构，它包含与 DID 验证相关的密钥信息和验证方法，提供了一组使 DID 控制者能够证明其对 DID 控制的机制。根据 W3C 规范的定义，DID 文档由以下标准元素组成。

（1）统一资源标识符：用于标识允许各方阅读 DID 文档的术语和协议。

（2）DID 标识符：用于标识 DID 文档身份主体的 DID，也就是 DID 文档描述的 DID 本身。由于 DID 的全局唯一特性，所以在 DID 文档中只能有一个 DID。

（3）公共密钥：用于认证、授权和通信的一组机制，简称公钥。公钥用于数字签名及其他加密操作，这些操作是实现身份验证及与服务端点建立安全通信等操作的基础。如果 DID 文档中不存在公钥，则必须假定密钥已被撤销或无效，同时必须包含或引用密钥的撤销信息，如撤销列表。

（4）用于 DID 的一组身份验证方法：向其他实体证明 DID 的所有权。身份验证的过程是 DID 主体通过加密方式来证明它们与 DID 相关联的过程。

（5）针对 DID 的一组授权和委派方法：用于允许另一个实体代表该 DID 主体进行操作。授权意味着他人代表 DID 主体执行操作，如当密钥丢失时，可以授权他人更新 DID 文档来协助恢复密钥。

（6）服务端点集：用于描述在何处及如何与 DID 主体进行交互。服务端点可以表示主体希望公告的任何类型的服务，包括用于进一步发现、身份验证、授权或交互的 DID 管理服务。除了发布身份验证和授权机制，DID 文档的另一个主要功能是为主体发现服务端点。

（7）（可选）创建文档的时间戳。

（8）（可选）文档上次更新的时间戳。

（9）（可选）完整的密码证明，如数字签名。

具体的 DID 文档示例如下。

```
{
"@context": "https://w3id.org/did/v1",
"id": "did:example:123456789abcdefghi",
"authentication": [{
// 本 DID 文档对应的 DID 标识符
"id": "did:example:123456789abcdefghi#keys-1",
"type": "RsaVerificationKey2018",
"controller": "did:example:123456789abcdefghi",
//本 DID 对应的公钥信息
"publicKeyPem": "-----BEGIN PUBLIC KEY...END PUBLIC KEY-----\r\n"
}],
"service": [{
// 获取本 DID 对应的可验证凭证的服务接口
"id":"did:example:123456789abcdefghi#vcs",
"type": "VerifiableCredentialService",
"serviceEndpoint": "https://example.com/vc/"
}]
}
```

DID 文档中需要重点关注的是公钥信息，这是接下来进行可验证凭证和可验证表征验证的基础。

可以把 DID 标识符作为 key，把 DID 文档作为 value 存储到 key-value 数据库中，实现快速访问，并获取可信数据。

每个 DID 文档都可以表述加密材料、验证方法或服务，这些材料、验证方法或服务提供了一组机制，使 DID 控制器能够证明其对 DID 的控制。服务支持与 DID 主体关联的可信交互。如果 DID 主体是信息资源（如数据模型），则 DID 会提供返回 DID 主体本身的方法。

通过遵循 DID 方法指定的协议，DID 引用 DID 主体并解析为 DID 文档。DID 文档是由 DID 控制器控制 DID 决议的工具，用于描述 DID 主体。DID 用于查询，是一个索引；DID 文档用于表述，是具体内容。

3.3　DID 方法

DID 方法，也称 DID 方案，定义了如何实现此规范所描述的功能。DID 方法通常与特定的可验证数据注册表相关联。新的 DID 方法在其规范中定义，以实现同一种 DID 方法的不同实现之间的互操作性。

DID 方法与 HTTP 模式（HTTP Scheme）或软件设计中常用的命名空间（Namespace）、包（Package）类似。

除了定义特定的 DID 方法，DID 方法规范中还定义了使用特定类型的可验证数据注册表创建、解析、更新、停用 DID 和 DID 文档的机制，它还记录了与 DID 相关的所有实现的注意事项，以及安全和隐私的注意事项。

DID 方法的原则是任何 DID 方法生成的任何 DID 都必须是全局唯一的。表 3-1 展示了部分 DID 方法及其提供商。

表 3-1　部分 DID 方法及其提供商

DID 方法	注 册 者	联 系 方 式
abt	ABT Network	ArcBlock
aergo	Aergo	Blocko (website)
ala	Alastria	Alastria National Blockchain Ecosystem
amo	AMO blockchain mainnet	AMO Labs (website)
bba	Ardor	Attila Aldemir (email)

（续表）

DID 方法	注　册　者	联　系　方　式
bid	bif	teleinfo caict
bluetoqueagent	Trusted Digital Web	Hyperonomy Digital Identity Lab, Parallelspace Corporation (email) (website)
bluetoquedeed	Trusted Digital Web	Hyperonomy Digital Identity Lab, Parallelspace Corporation (email) (website)
bluetoquenfe	Trusted Digital Web	Hyperonomy Digital Identity Lab, Parallelspace Corporation (email) (website)
bluetoqueproc	Trusted Digital Web	Hyperonomy Digital Identity Lab, Parallelspace Corporation (email) (website)
bnb	Binance Smart Chain	Ontology Foundation
bryk	bryk	Marcos Allende, Sandra Murcia, Flavia Munhoso, Ruben Cessa

DID 方法体现了 DID 规范符合卡梅伦身份七定律中的运营商和技术的多元化（Pluralism of Operators and Technologies）定律，也与艾伦身份可移植性原则相关。

3.4　DID 身份验证

DID 身份验证是指 DID 持有方使用 DID 关联的 DID 文档中描述的机制，向依赖方证明其控制 DID 的仪式（Ceremony）。

把 DID 身份验证定义为一种仪式，是指持有方在各种组件（如 Web 浏览器、移动设备和其他代理）的帮助下，向依赖方证明他们控制了该 DID，这意味着使用 DID 文档的"身份验证"对象中指定的机制可证明其对 DID 的控制。这个过程可以用不同的数据格式、协议和流来实现。DID 身份验证包括建立相互验证身份的通信通道及向网站和应用程序进行身份验证的功能。授权（Authorization）、可验证凭证和通信功能构建在 DID 身份验证之上[70]。

3.4.1　记录生成

DID 记录（DID Record）是指 DID 及其关联的 DID 文档的组合。

DID 身份验证要求在创建 DID 记录期间生成指示身份验证材料。例如，DID 规范所述，创建符合 DID 身份验证的 DID 记录的步骤如下。

（1）生成相关 DID 方法规范中指定的 NEW_DID。

（2）生成相关 DID 方法规范中指定的 NEW_DID_DOCUMENT。

（3）将 id 属性设置为 NEW_DID（DID 主体集）的值。

（4）从证明机制数组中选择一个或多个身份验证类型。

（5）将 type 属性记录在 NEW_DID_DOCUMENT 的身份验证对象中。

（6）生成身份验证材料，供之后在 NEW_DID 身份验证时使用。身份验证类型决定了如何为证明机制生成身份验证材料。

（7）直接或作为派生材料将身份验证材料传达并存储在 NEW_DID_DOCUMENT 中，以供身份持有方存储。如果所选的证明机制基于非对称密钥，则 NEW_DID_DOCUMENT 中的身份验证材料将被记录在 DID 文档的 publicKey 对象中。

DID 文档中的身份验证和公钥对象示例如下。

```
{
    "@context": "https://w3id.org/did/v1",
    "id": "did:example:123456789abcdefghi",
    "authentication": [{
        "type": "RsaSignatureAuthentication2018",
        "publicKey": "did:example:123456789abcdefghi#keys-1"
    }, {
        "type": "Ed25519SignatureAuthentication2018",
        "publicKey": "did:example:123456789abcdefghi#keys-2"
    }],
    "publicKey": [{
        "id": "did:example:123456789abcdefghi#keys-1",
        "type": "RsaVerificationKey2018",
        "owner": "did:example:123456789abcdefghi",
        "publicKeyPem": "-----BEGIN PUBLIC KEY...END PUBLIC KEY-----\r\n"
    }, {
        "id": "did:example:123456789abcdefghi#keys-2",
        "type": "Ed25519VerificationKey2018",
        "owner": "did:example:123456789abcdefghi",
        "publicKeyBase58": "H3C2AVvLMv6gmMNam3uVAjZpfkcJCwDwnZn6z3wXmqPV"
    }]
}
```

DID 身份验证可以用不同的传输协议和内容在持有方和依赖方之间交换挑战和应答，如使用 DID 身份验证服务端点的 HTTP 调用，可以从 DID 文档中发现此服务端点。

DID 文档中的 DID 身份验证服务端点示例如下。

```
{
    "@context": "https://w3id.org/did/v1",
    "id": "did:example:123456789abcdefghi",
    "service": {
        "type": "DID AuthService",
        "serviceEndpoint": "https://auth.example.com/did:example:123456789abcdefg"
    }
}
```

3.4.2 基本要求

DID 身份验证标准的基本要求如下。

（1）简单：对使用者来说非常简单，不需要记住进行身份验证的每个位置的不同凭证。

（2）安全：基于公钥加密，而不是共享密钥，如用户名和密码。

（3）保护隐私：防止多个依赖方在未经用户明确同意的情况下串通。

（4）可管理：允许用户管理自己的密钥，可随意轮换它们或在必要的情况下轮换它们。

成功的 DID 身份验证交互可以创建所需的条件，使各方以可信赖的方式交换更多数据。

W3C 规范中的安全需求部分规定在探讨安全注意事项（Security Considerations）时，把所有 DID 方法规范总结为 12 条[54]，这部分内容包含了对身份认证的总要求。

（1）DID 方法规范必须遵循 RFC3552，即端到端通信安全协议，主要包括机密性、数据完整性和对等实体身份验证三大类安全目标[71]。

（2）必须记录 DID 方法规范中定义的 DID 操作的攻击形式，包括窃听攻击（Eavesdropping Attack）、重放攻击（Replay Attack）、消息插入、删除、修改、拒绝服务攻击（Denial-of-Service Attack）、放大攻击（Amplification Attack）和中间人攻击（Man-In-The-Middle Attack）等，其他已知的攻击形式也应被记录在案。

（3）必须讨论剩余风险（Residual Risks），如相关协议中泄露、不正确的实现或部署威胁缓解后密码存在的风险。

（4）必须为所有操作提供完整性保护并更新身份验证。

（5）如果涉及身份验证，特别是用户—主机身份验证，则必须清晰记录身份验证方法的安全特征。

（6）安全注意事项部分必须证明所有 DID 被唯一分配的策略机制。

（7）必须讨论特定方法的端点身份验证。如果 DID 方法使用了具有可变网络拓扑的分布式账本，则必须讨论可用 DID 方法实现的拓扑的安全假设。

（8）如果协议包含加密保护机制，则 DID 方法规范必须明确指出数据的哪些部分受到保护及受到哪些保护，并且应该指明加密保护容易受到的攻击类型，如完整性、机密性和端点身份验证。

（9）要保密的数据（如密钥材料、随机种子等）应该被清楚地标记。

（10）如果适用的话，DID 方法规范应解释并指定在 DID 文档上实现签名。

（11）如果 DID 方法使用对等计算资源（如分布式账本），则应结合拒绝服务来讨论这些资源的预期负担。

（12）引入新的身份验证服务类型的 DID 方法应考虑受支持的身份验证协议的安全要求。

如果 DID 文档发布的目的是对 DID 主体进行身份验证或授权的服务，则服务端点提供者、主体或请求方有责任遵守该服务端点支持的身份验证协议的要求。如下所示。

```
{
"@context": "https://w3id.org/did/v1",
"id": "did:example:123456789abcdefghi",
"service": {
"type": "DID AuthService",
"serviceEndpoint":
    "https://auth.example.com/did:example:123456789abcdefg"
}
}
```

身份验证关系用于指定如何对 DID 主体进行身份验证，如登录到网站或参与任何类型的挑战—应答协议。

下文代码中的 authentication 属性为可选。如果该属性存在，则关联的值必须是一个或多个验证方法的集合，可以嵌入或引用每种验证方法。

下面是一个包含 3 种验证方法的身份验证属性的示例。

```
{
    …
    "id": "did:example:123456789abcdefghi",
…
    "authentication": [
        "did:example:123456789abcdefghi#keys-1",
        {
            //此方法可用于对 did:... cdefghi 进行身份验证
            "id": "did:example:123456789abcdefghi#keys-2",
//此方法*仅*被批准用于身份验证，不能用于任何其他证明目的，因此在此处嵌入其
完整描述，而不是仅标为引用
            "type": "Ed25519VerificationKey2020",
            "controller": "did:example:123456789abcdefghi",
            "publicKeyMultibase":   "zH3C2AVvLMv6gmMNam3uVAjZpfkcJCwDwnZn6z3
wXmqPV"
        }
    ],
    }
```

如果建立了身份验证，则由 DID 方法或其他应用程序决定如何处理该信息。特定的 DID 方法可以作为 DID 控制器进行身份验证，然后进行更新或删除 DID 文档的操作。另一种 DID 方法可能需要提供与用于身份验证的密钥不同的密钥或完全不同的验证方法，以更新或删除 DID 文档。换句话说，如果身份验证检查后执行的操作超出了数据模型的范围，就应自行定义 DID 方法和应用程序。

这对身份验证程序很有用，它们需要检查那些尝试进行身份验证的实体是否已真正提供了有效的身份验证证明。当验证方收到某些协议特定格式的数据时，如果这些数据包含为"身份验证"目的而创建的证明，并且实体由 DID 标识，那么验证方会进行检查，确保可以使用 DID 文档中身份验证列出的方法（如公钥）来验证证明。

这里请注意，DID 文档的认证属性所指示的验证方法只能对 DID 使用者进行身份验证。如果要对不同的 DID 控制器进行身份验证，那么与控制器值关联的实体需要使用自己的 DID 文档和关联的身份验证关系进行身份验证。

DID 标识符的对等方之间的信任至少可以通过以下两种方式建立。

（1）用于实时验证公钥的挑战—应答协议。

（2）可验证声明的交换。

有关身份属性的声明中包括来自其他 DID 标识的受信任对等方的数字签名或其他加密证明，其公钥或证明也可以依照分布式账本来验证。这种分散的信任网络模型利用分布式账本的安全性、不变性和弹性来提供高度可扩展的密钥分发、验证和恢复，最终使每个人都可以访问 DPKI。但是，由于不依赖任何集中式机构，因此它还将密钥管理的某些责任直接转移给各个身份持有方。这需要分散的集中式加密密钥管理系统（Cryptographic Key Management Systems，CKMS）的支撑，也是大多数企业当前的最佳实践[72]。

3.4.3　挑战与应答

在安全协议中，挑战（Challenge）是指服务端向客户端发送数据，客户端根据挑战内容生成不同的应答（Response）。DID 的身份验证与其他身份验证方法类似，依赖挑战—应答周期，其中，依赖方对持有方的 DID 进行验证。在此周期中，持有方通过身份验证机制来证明其对 DID 记录创建期间生成和分发的身份验证材料的控制。

持有方或其代理遇到身份验证挑战的方式及格式因情况而异。例如，他们可能会在网站上遇到"使用 DID Auth 登录"按钮或扫描二维码；或者在 API 调用的情况下，依赖方可以通过请求身份验证来应答请求。

挑战数据举例如下。

```
{
    "type": ["Credential"],
    "claim": {
        "publicKey":",
        "nonce": "xfdfdda222"
    }
}
```

在服务端发出挑战后，持有方根据挑战生成一个应答，以证明对其 DID 的控制。这通常涉及加密签名，也可以包含其他证明机制。如前所述，应答还可能包含依赖方在挑战中要求的可验证凭证。在收到应答后，依赖方将解析持有方的 DID，并且验证应答是否对先前的挑战有效。例如，最简单的方式是把示例中的随机字符串 "xfdfdda222" 用私钥加密后传回。

应答举例如下。

```
{
    "type": ["VerifiablePresentation"],
    "issuer": "did:example:123456789abcdefghi",
```

```
        "issued": "2022-03-07",
        "claim": {
            "id": "did:example:123456789abcdefghi",
            "publicKey": "did:example:123456789abcdefghi#keys-2"
        },
        "proof": {
            "type": "Ed25519Signature2018",
            "created": "2022-11-01T21:19:10Z",
            "creator": "did:example:123456789abcdefghi#keys-2",
            "nonce": "c0ae1c8e-c7e7-469f-b252-86e6a0e7387e",
            "signatureValue": "..."
        }
    }
```

在应答示例中，私钥加密后的字符串是"c0ae1c8e-c7e7-469f-b252-86e6a 0e7387e"，依赖方根据应答中的 DID 在可验证数据注册表中查找 DID 文档，之后用公钥解密字符串解密，如果解密后的内容是 "xfdfdda222"，则认为验证通过。

挑战原则如下[70]。

（1）在构造挑战时，依赖方可能知道，也可能不知道持有方的 DID，因此持有方的 DID 可能包含在挑战中，也可能不包含在挑战中。

（2）如果在构造挑战时知道持有方 DID，则依赖方可以使用 DID 文档的内容来决定首选的身份验证方法或服务端点。

（3）依赖方发出的挑战本身可能包含依赖方控制 DID 的证据，也可能不包含依赖方控制 DID 的证据。

（4）依赖方可能需要，也可能不需要持有方的其他特定传输的信息，以便传递挑战（如 DID 身份验证服务端点）。如果依赖方知道此附加协议的特定信息，则可以从持有方的 DID 中发现这些信息。

（5）依赖方应包括一个 nonce，以防范重放攻击并帮助将挑战连接到后续应答。

应答原则如下[70]。

（1）持有方可能需要，也可能不需要依赖方的其他特定传输的信息，以便传递应答（如回调 URL）。此附加协议特定信息可能包含在挑战中，也可以从挑战中包含的依赖方 DID 中被发现。

（2）依赖方必须能在内部将应答与先前的挑战联系起来。这可以通过挑战中的随机数或消息标识符来完成，这些消息标识符也必须包含在应答中；也可以通过在应答中包含整个原始挑战来完成此操作。

（3）多个设备、用户代理和其他技术组件可以代表持有方接收和处理挑战。例如，持有方的 DID 身份验证服务端点可能会收到挑战并将其中继到持有方的移动 App 中。

（4）持有方发送应答的组件可能与接收挑战的组件相同，也可能不同。例如，挑战可能由 DID 身份验证服务端点以 HTTP POST 的形式接收，但应答可能由移动 App 作为 HTTP POST 发送。

（5）接收应答的依赖方组件可能与发送挑战的组件相同，也可能不同。例如，挑战可能由移动网页作为深层链接发送，但应答可能由 Web 服务端以 HTTP POST 的形式接收。

3.4.4　通用架构

DID 身份验证通用架构如图 3-2 所示。

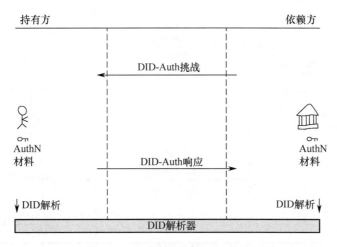

图 3-2　DID 身份验证通用架构[70]

挑战的传输机制包括 DID 身份验证服务端点（DID Auth Service Endpoint）、从移动应用扫描二维码（Scan QR Code from Mobile App）、移动深度链接（Mobile Deep Link）、自定义协议处理程序（CusBob Protocol Handler）、调用用户代理的 JavaScript API（Invoke User Agent's JavaScript API）、表单重定向（Form Redirect）、设备到设备通信（Device-to-device Communication）等。

应答的传输机制包括 HTTP POST 到回调 URL（HTTP POST to Callback URL）、

从移动应用扫描二维码、履行 JavaScript 承诺（Fulfill JavaScript Promise）、设备到设备通信（Device-to-device Communication）等。

基于上述挑战和应答的格式和传输，我们可以为各种完整的 DID 身份验证交互构建架构，构建时常从以下 4 个维度进行考虑。

（1）在挑战构建时，依赖方是否知道 DID。

（2）DID 身份验证挑战的传输机制是什么。

（3）认证材料的位置在哪里，即密钥存储在哪里。

（4）DID 身份验证应答的传输机制是什么。

3.4.5　架构举例

图 3-3 展示了移动 App 和 DID 身份验证服务架构设计。

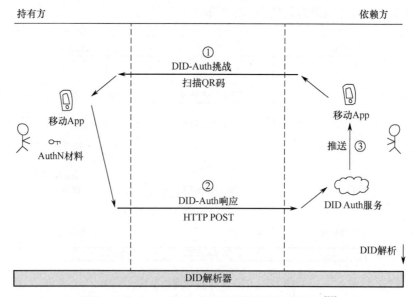

图 3-3　移动 App 和 DID 身份验证服务架构设计[70]

从图 3-3 中可以看出：

（1）依赖方的移动 App 显示由持有方的移动应用扫描的 QR 码（带挑战）。

（2）持有方的移动 App 将 HTTP POST（带应答）发送到依赖方的 DID 身份验证服务端点。

（3）依赖方的 DID 身份验证服务向依赖方的移动 App 推送通知（带应答）。

3.4.6　DID 身份验证与可验证凭证

DID 身份验证与可验证凭证之间的关系可以从以下几种角度来考虑。

第一种，DID 身份验证与可验证凭证交换是分开的：在双方的交互开始时，它们需要先进行身份验证（相互或仅在一个方向上）；在完成身份验证后，可以执行用于交换可验证凭证的协议，以便双方相互了解更多信息，然后做出授权决策。

第二种，可验证凭证交换是 DID 身份验证的扩展（或组成部分）。在这种情况下，证明对身份标识符的控制权与证明对可验证凭证的所有权密切相关，并且将单个协议用于这两个目的。因为可验证凭证是协议中的可选字段，可以仅为了证明对身份标识符的控制权而交换一组空的可验证凭证。

第三种，可以将 DID 身份验证视为最琐碎的可验证凭证的交换，即一种自行颁发的可验证凭证，声明"我是我"。从这个角度来看，DID 身份验证与其他可验证凭证交换之间的界限是模糊的，两者都是单个通用协议的一部分。

3.5　DID Comm

DID 身份验证的目的是信息交互，而 DID Comm 提供了一种信息交互方式。DID Comm 消息传递的目的是提供一种安全的私有通信方法，该方法建立在 DID 的分布式设计之上。

3.5.1　交互特点

在使用 DID Comm 后，移动设备上的个人用户代理将成为高可用 Web 服务端的完整对等体。注册是自助的，中介机构几乎不需要信任，条款和条件可以来自任何一方。具体来说，DID Comm 交互具有以下特点。

（1）DID Comm 并不总是涉及轮换（Turn-taking）和请求—应答（Request-Response）。

（2）DID Comm 交互可以涉及两个以上的参与方，参与方可以是任何实体。

（3）DID Comm 可以包含 JSON 以外的格式。

3.5.2 设计愿景

DID Comm 消息传递支持继承其安全性、隐私性、去中心化和传输独立性的高阶协议。可用于交换可验证凭证、创建和维护关系、购买和销售、安排活动、谈判合同、投票、出示旅行机票、向雇主/学校/银行申请、安排医疗保健，以及玩游戏等场景。就像 HTTP 上的 Web 服务一样，可能性无穷无尽，有需要身份的场景均需要 DID Comm 消息传递。与 Web 服务不同，参与各方可以在不成为集中服务器/客户端的情况下参与消息传递，并且他们可以使用连接模型和技术的混合架构。这些协议可以组合成更高阶的工作流程，而无须不断重塑跨边界的信任和身份传输方式[73]。

在继承传统交互模式的基础上，DID Comm 消息传递有更多愿景。

（1）安全。必须保持消息的完整性并防止篡改；必须允许证明消息和消息发送者的真实性；必须允许各方发出可否认和不可否认的信息。由于缺乏会话结构，因此不需要完全的前向保密，但必须实现类似的效果。

（2）私密。必须防止未经授权的第三方了解谁在何时沟通什么；必须为发件人提供对收件人匿名的选项。

（3）去中心化。通过控制 DID 来获得加密、签名、身份验证和身份验证的信任，与 DID 的去中心化做法一脉相承。

（4）与传输协议无关。例如，可通过 HTTPS、WebSocket、蓝牙、AMQP、SMTP、NFC 等使用，同时支持单工和双工模式，可脱机工作，不假定客户端/服务器通信的同步或异步，允许配对或公共广播使用。

（5）可路由。与电子邮件一样，发送方可以在不直接连接到接收方的情况下与接收方交互。

（6）可互操作。可以跨编程语言、区块链、供应商、操作系统、消息平台、网络、法律管辖区、地理、加密方案、硬件，以及跨时间工作，避免供应商锁定导致需要设计中间层协议。

（7）可扩展。允许开发人员从简单的 API 调用开始，无须繁重的学习或依赖。通过轻松的自定义，促进 DID Comm 消息传递的继承，以保证更高级别的协议，这是设计上面临的挑战。

（8）高效。不浪费网络带宽、电池能量、CPU 和存储空间。因为安全消息传递涉及更多的加密、打包、传输操作，这要消耗各类资源，所以高效也是 DID Comm 的设计愿景之一。

3.5.3　消息打包

基于消息、异步、简约的理念，DID Comm 可以构建优雅的同步请求—应答交互。持有方都与一个近乎实时的发电子邮件或发短信的"朋友"互动。DID Comm 消息传递使用公钥加密，而不是来自某些参与方的证书或其他方的密码。其安全保证独立于其流经的"运输通道"。它是无会话的，所有各方都以相同的方式执行身份验证。

DID Comm 消息，更准确地应称为 DID Comm 加密消息，每一条都是经过加密和签名等打包处理的，可以把加密和签名处理想象为一个个的"信封"（Envelope），DID Comm 消息的打包结构如图 3-4 所示。

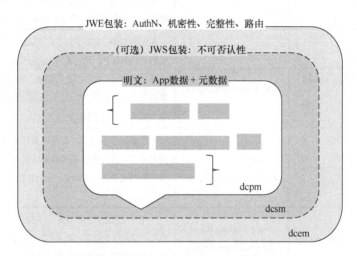

图 3-4　DID Comm 消息的打包结构[73]

当发件人准备路由的邮件时，它会在路径中有加密结果的每个跃点上用"信封"包装该邮件一次。每次包装操作都会应用一层或多层"信封"，并且可能转换输出的关联媒体类型。类型（Types）与 HTTP 协议中的"Content-type"类似，DID Comm 消息信封类型如表 3-2 所示。

表 3-2　DID Comm 消息信封类型[73]

信　　封	IANA 类型	说　　明
plaintext（无信封）	application/DID Comm-plain+json	用作更高级别协议的构建块，但很少直接传输，因为它缺乏安全保障

（续表）

信　封	IANA 类型	说　明
signed(plaintext)	application/DID Comm-signed+json	通过纯文本消息签名来添加不可否认性，任何收到以这种方式包装的消息的人都可以向外部证明其来源
anoncrypt(plaintext)	application/DID Comm-encrypted+json	保证机密性和完整性，不会泄露发件人的身份
authcrypt(plaintext)	application/DID Comm-encrypted+json	保证机密性和完整性，还可以证明发件人的身份，但以只有收件人才能验证的方式来查看发件人身份。这是默认的包装选项，除非明确标识了不同的目标，否则应使用此选项。根据设计，此组合与在其最外层使用加密的所有其他组合共享 IANA 媒体类型，因为只有接收者才关心其中的差异
anoncrypt(sign(plaintext))	application/DID Comm-encrypted+json	保证机密性、完整性和不可否认性，防止外信封的观察者访问签名。相对于 authcrypt（plaintext）信封，这种信封增加了对接收者的保障，因为不可否认性比简单身份验证更强。但是，它还强制发件人"记录在案"说话，因此在默认情况下被认为是不可取的
authcrypt(sign(plaintext))	application/DID Comm-encrypted+json	与前面的类型相比，没有添加任何有用的保证，并且稍微昂贵一些。如果选择这种信封，那么当纯文本的签名者与 authcrypt 层标识的发件人不同时，必须发出错误提示
anoncrypt(authcrypt(plaintext))	application/DID Comm-encrypted+json	一种专用组合，它将 skid 标头隐藏在 authcrypt 信封中，因此中介程序的跃点当下源头无法发现发送方的身份标识符。请参阅保护发件人身份的相关资料

下面的示例是 Alice 和 Bob 一次通信过程的伪代码。

```
#发送者定义消息
message = Message(
    body = {"msg": "buy a ticket."},
    id = "unique-id-24160d23ed1d",
    type = "my-protocol/1.0",
    frm = alice_did,
    to = [bob_did]
)
#发送者打包消息
```

```
packed_msg = await pack_encrypted(
    resolvers_config = ResolversConfig(
        secrets_resolver = secrets_resolver,
        did_resolver = DIDResolverPeerDID()
    ),
    message = message,
    frm = alice_did,
    to = bob_did,
    sign_frm = None,
    pack_config = PackEncryptedConfig(protect_sender_id=False)
)
#接收者解包消息
unpack_msg = await unpack(
    resolvers_config=ResolversConfig(
        secrets_resolver=secrets_resolver,
        did_resolver=DIDResolverPeerDID()
    ),
    packed_msg=packed_msg.packed_msg
)
#接收者查看消息
print(unpack_msg.message.body["msg"])
```

3.5.4　典型场景举例

Alice 和 Bob 在网上进行交易，他们将交换一系列消息，实际的交换动作是由双方的软件代理完成的，如 App 或 Web 页面。

Alice 按下一个按钮，她首先需要准备一个关于销售意向的明文 JSON 消息，销售的细节在这里无关紧要，但将在以 DID Comm 消息传递为基础的更高级别的"销售"协议规范中进行描述。然后，通过解析 Bob 的 DID 文档，Alice 从 Bob 处获取了两个关键信息。

- 一个端点（Endpoint，如 Web 服务地址、电子邮件等），可在其中将消息传递给 Bob。
- Bob 在 Alice/Bob 关系中使用的公钥。

接下来，Alice 使用 Bob 的公钥来加密明文，以确保只有 Bob 才能读取它，并且使用自己的私钥添加身份验证。代理商安排为 Bob 送货，这种"安排"可能涉及各种跃点和中介，它像网络路由一样复杂。

最终，Bob 接收并解密消息，用 Alice 的公钥将发件人认证为 Alice，并在 Alice 的 DID 文档中查找此密钥，同时为 Alice 捕获端点。然后，Bob 准备其应答，并且使用互惠过程（明文→身份验证→安排交付）将其路由回去。

3.6　DID 解析

DID 解析是给定 DID 获取 DID 文档的过程。DID 解析是可以在任何 DID 上执行的 4 个必需操作之一，即"读取"（Read），其他 3 个操作分别是"创建"（Create）、"更新"（Update）和"停用"（Deactivate），这些操作的实现细节因 DID 方法而异。

可验证读取是在 DID 解析器（DID Resolver）和可验证数据注册表之间实现 DID 方法的"读取"操作的高置信度实现，其目的是获取 DID 文档，在适用的 DID 方法下，尽可能地保证结果的完整性和正确性。

在 DID 解析的基础上，DID URL 解引用（Dereference）是检索指定 DID URL 资源表示形式的过程。能够执行这些进程的软件或硬件被称为 DID 解析器，如图 3-5 所示为支持多种 DID 方法的 DID 解析器。

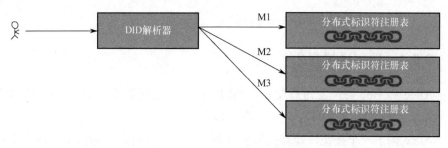

图 3-5　支持多种 DID 方法的 DID 解析器[64]

DID 解析算法基于 [DID-CORE]中 DID 解析部分定义的抽象函数 resolve() 和 resolveRepresentation()。

```
resolve ( did, resolutionOptions )
    ->(didResolutionMetadata, didDocument, didDocumentMetadata )
resolveRepresentation ( did, resolutionOptions )
    ->(didResolutionMetadata, didDocumentStream,  didDocumentMetadata )
```

DID 解析算法必须由符合标准的 DID 解析器实现。DID 解析算法步骤简要说明如下。

（1）验证输入的 DID 是否符合 DID 语法规则。

（2）确定实现此算法的 DID 解析器是否支持输入此 DID 的 DID 方法。

（3）对输入 DID 的可验证数据注册表执行读取操作，获取输入此 DID 的 DID 文档。

（4）验证输出的 DID 文档是否符合 DID 文档数据模型的一致性表示形式。

DID 解析结果示例如下。

```
{
    "@context": "https://w3id.org/did-resolution/v1",
    "didDocument": {
        "@context": "https://www.w3.org/ns/did/v1",
        "id": "did:example:123456789abcdefghi",
        "authentication": [{
            "id": "did:example:123456789abcdefghi#keys-1",
            "type": "Ed25519VerificationKey2018",
            "controller": "did:example:123456789abcdefghi",
            "publicKeyBase58":  "H3C2AVvLMv6gmMNam3uVAjZpfkcJCwDwnZn6z3w
XmqPV"
        }],
        "service": [{
            "id":"did:example:123456789abcdefghi#vcs",
            "type": "VerifiableCredentialService",
            "serviceEndpoint": "https://example.com/vc/"
        }]
    },
    "didResolutionMetadata": {
        "contentType": "application/did+ld+json",
        "retrieved": "2024-06-01T19:73:24Z",
    },
    "didDocumentMetadata": {
        "created": "2019-03-23T06:35:22Z",
        "updated": "2023-08-10T13:40:06Z",
        "method": {
            "nymResponse": {
                "result": {
                    "data": "{\"dest\":\"WRfXPg8dantKVubE3HX8pw\",\"identifier\":
\"V4SGRU86Z58d6TV7PBUe6f\",\"role\":\"0\",\"seqNo\":11,\"txnTime\":1524055264,\"verkey\":\"
H3C2AVvLMv6gmMNam3uVAjZpfkcJCwDwnZn6z3wXmqPV\"}",
```

```
                    "type": "105",
                    "txnTime": 1.524055264E9,
                    "seqNo": 11.0,
                    "reqId": 1.52725687080231475E18,
                    "identifier": "HixkhyA4dXGz9yxmLQC4PU",
                    "dest": "WRfXPg8dantKVubE3HX8pw"
                },
                "op": "REPLY"
            },
            "attrResponse": {
                "result": {
                    "identifier": "HixkhyA4dXGz9yxmLQC4PU",
                    "seqNo": 12.0,
                    "raw": "endpoint",
                    "dest": "WRfXPg8dantKVubE3HX8pw",
                    "data": "{\"endpoint\":{\"xdi\":\"http://127.0.0.1:8080/xdi\"}}",
                    "txnTime": 1.524055265E9,
                    "type": "104",
                    "reqId": 1.52725687092557056E18
                },
                "op": "REPLY"
            }
        }
    }
}
```

DID URL 解引用基于[DID-CORE]中定义的抽象函数 dereference()。

```
dereference (didUrl, dereferenceOptions )
    ->(dereferencingMetadata, contentStream, contentMetadata )
```

DID URL 解引用算法必须由符合条件的 DID 解析程序实现。根据 RFC3986，它包括解析 DID，以及解引用主要资源和辅助资源两个部分。其中，仅当输入 DID URL 包含 DID 片段时，需要解引用辅助资源。

DID 解引用算法步骤简要说明如下。

（1）验证输入的 DID URL 是否符合 DID URL 语法规则。

（2）通过执行上文定义的 DID 解析算法，获取输入此 DID 的 DID 文档。输入 DID URL 的所有 DID 参数必须作为解析选项传递给 DID 解析算法。如果输入 DID 不存在，则返回结果为空；否则，结果为已解析的 DID 文档。

（3）如果 DID 存在，则将 DID 片段与输入的 DID 网址分开，执行解引用主要资源的程序，并且相应地调整输入的 DID URL。

（4）如果原始输入 DID URL 中包含 DID 片段，则执行解引用辅助资源的程序。

例如，indy-did-resolver 解析器可以作为 indy 的 Universal Resolver 驱动。

当用户拥有了一个可正常使用的 DID 后，与之绑定最紧密的就是可验证凭证（VC）。可以预见，绝大部分公开使用的纸质证书将被 VC 替代，至少会提供 VC 以供验证，过去的人工证书查询将全部变为在线验证，这将消灭海量信息孤岛，实现互联网数据的真正打通，使其在逻辑上融为一体。DID 更多的使用场景是向依赖方（验证方）出示 VC，如门禁或海关等。

第 4 章

分布式数字身份可验证凭证详解

我们先回顾一下 DID 的几个基本概念。

- 实体（Entity）是独特且独立存在的事物，如在生态系统中执行一个或多个角色的人员、组织或设备。

- 主体（Subject）是关于声明的实体。

- 断言（Assertion）是关于某个主体的判断。例如，Pat 今年 21 岁。

- 声明（Claim）是关于主体的一个断言，如图 4-1 所示为声明的基本结构。

图 4-1　声明的基本结构[74]

主体包含一个或多个属性，断言就是给这些属性赋值。例如，Pat 有一个属性是"毕业院校"。当毕业院校是一个具体值"Example University（EU）"时，意味着 Pat 毕业于 EU，这是一个断言。当 Pat 能够提供 EU 颁发的毕业证时，就证明"Pat 毕业于 EU"是真实的。当然也可以表述为"Pat 是 EU 的校友"这样一个基本声明，如图 4-2 所示。

图 4-2　Pat 是 EU 的校友[74]

- 图（Graph）是由主体与其他主体或数据的关系共同组成的信息网络，可以组合多个声明来表示信息图，如图 4-3 所示。

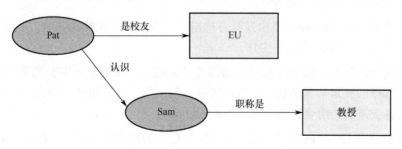

图 4-3　多个声明构成的信息图[74]

图 4-4 展示了与可验证凭证关联的信息图，图的上半部分表示凭证元数据和声明，图的下半部分表示数字证明。

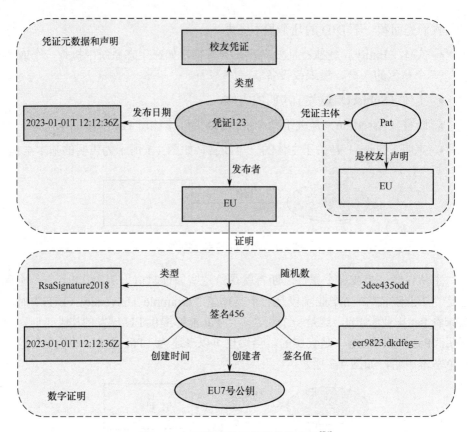

图 4-4   与可验证凭证关联的信息图[74]

- 验证（Verification）指通过一系列检查操作来评估声明是否是真实和即时的。这些操作包括检查凭证（或表征）是否符合规范、是否满足证明方法，以及检查凭证状态等。
- 凭证（Credential）是由发行方提出的一个或多个声明的集合。凭证中的声明可以涉及不同的主体。

在某些情况下，出于隐私保护的需要，人们并不需要出示完整的凭证内容，只希望选择性披露某些属性；或者不披露任何属性，只证明某个断言。这些凭证中的断言或声明的组合称为表征（Presentation）。

可验证凭证（Verifiable Credential，VC）的持有方可以生成可验证表征（Verifiable Presentation，VP），并且与验证方共享，以证明他们拥有某些特征的可验证凭证。

VC 和 VP 都可以快速传输，这使得它们在尝试远距离建立信任时比物理对应物（如纸质证照）更方便[74]。同时 VC 和 VP 携带方便，可以随身携带个人所有凭证以应对更多查验场景。

W3C VC 规范中基础的角色和信息流如图 4-5 所示。

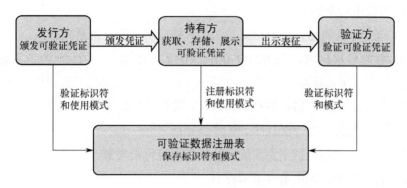

图 4-5　W3C VC 规范中基础的角色和信息流[74]

从图 4-5 中可以看出，发行方给持有方颁发凭证，持有方向验证方出示表征。

图 4-5 中的可验证数据注册表是可以通过调解 DID、密钥及其他相关数据（如可验证凭证架构、吊销注册表、颁发者公钥等）的创建和验证来执行的角色，这些数据可能需要使用 VC，某些配置可能需要身份标识符，某些注册表（如 UUID 和公钥的注册表）可能仅充当身份标识符的命名空间的角色。

4.1　可验证凭证

凭证，也称凭单、证书等，已经成为人们日常生活的重要组成部分。

在物理世界中，凭证可以包括如下信息[74]。

（1）与身份凭证主体相关的信息，如照片、姓名或身份证号码。

（2）与颁发机构（如政府、国家机构或认证机构）相关的信息。

（3）与此凭证类型相关的信息，如护照、驾驶执照或健康保险卡。

（4）与签发机构主张的有关该主体的特定属性或特性相关的信息，如国籍、有权驾驶的车辆类别或出生日期。

（5）与凭证的派生方式相关的证据，如凭证集合构成的一个总凭证。

（6）与凭证约束相关的信息，如到期日期或使用条款。

在数字世界中，可验证凭证规范提供了一种机制，以加密、尊重隐私和机器可验证的方式在数字世界中表述物理世界中的凭证信息。

VC 可以表示物理凭证能表示的所有信息。使用数字签名等技术处理的 VC 比物理凭证拥有更强大的防伪造、防篡改能力，从而更加可信赖。

VC 的使用场景如下。

（1）证明个人身份，如身份证、法人机构证明（营业执照）等。

（2）各类资格证书，如 ISO 27001、ORACLE DBA、TOGAF 等各类认证证书。

（3）证明，如介绍信、推荐信、公证、疫苗接种登记等。

（4）专业能力，如行医执照、律师执业证书等。

（5）合同，如用于指定协商的服务或数据使用策略等。

（6）官方权力，如居留许可等权力。

（7）会员卡，如俱乐部卡、协会或社团会员资格证明等。

VC 的特性包括机器可读、可撤销、可验证。其中，可验证包含发行方身份可验证和内容可验证两个部分。通过凭证中记录的发行方 DID，验证方无须关联发行方即可验证发行方身份；利用公开的凭证发行声明中的发行方密钥、凭证数据格式等信息，验证方无须关联发行方即可验证凭证内容。

VC 的基本构成组件包括凭证元数据、声明和证明，如图 4-6 所示。

图 4-6　VC 的基本构成组件[74]

凭证可证明作为自主主权身份十一原则中的最后一条，显得格外重要。可证明常用技术包括零知识证明（Zero-Knowledge Proof，ZKP）、盲签名（Signature Blinding）、私人持有方绑定（Private Holder Binding）等。

1. 零知识证明

证明者能够在不向验证方提供任何有用信息的情况下，使验证方相信某个论断是正确的。既能充分证明自己是某项权益的合法拥有者，又不把有关信息泄露出去，即给外界的"知识"为"零"。

谓词证明是零知识证明的一个基本组成部分，通常有助于实施通用数据保护条例，并且可以简单有效地确认隐私并保护数据。因为信息可以加密验证，所以无须向请求者披露信息值。加密材料不是披露信息，而是提供计算的谓词证明，如"大于 18""小于 18"或"等于 18"。在某些情况下，如果需要检查一个人是否有偿付能力，谓词证明仅提供加密声明，即仅提供相关账户最高可达 10000 欧元的声明，而不是共享确切的账户余额。

2. 盲签名

盲签名的概念由大卫·乔姆（David Chaum）于 1982 年提出。盲签名可以让签名者对发送者的消息进行签名，却不知道所签名消息的具体内容。相当于将文件放入信封，签名者在信封上对文件进行签名，而不知道具体的文件内容。

由用户传输到应用程序的可验证表征可以包含多个可验证凭证，这些凭证已经由相应的颁发者进行了数字签名。在数字签名的帮助下，可以验证凭证的真实性和完整性，因此签名对 DID 生态系统至关重要。尽管如此，签名还是提供了具有相关性的潜在目标，因为数字签名是唯一标识符，是可以实现关联的因素。

盲签名可用于避免数字签名的潜在相关性。它在将数字签名传递给应用程序之前随机化数字签名或颁发者的相应证明，从而以加密方式隐藏数字签名或颁发者的相应证明。在此过程中，可验证凭证和可验证表征的有效性和来源仍然是可验证的。

3. 私人持有方绑定

通过加密方式将可验证凭证绑定到用户，并且在之后验证时只证明这种连接的有效性，而无须使用或披露用户的身份。可验证凭证与主体间接连接的优点是DID 不再作为明确的相关因子。

4.1.1　关键属性

在表述实体时，可以先分析实体的属性，然后分析实体可以执行的操作，最后描述实体与其他实体通过属性和操作建立的关联。前文已经详细描述了 VC 在

DID 系统中的位置，下面详细介绍 W3C 规范中的 VC 主要属性。一个 VC 的具体样例如下。

```
{
    // 可验证凭证内容遵循 JSON-LD 标准
    "@context": [
        "https://www.w3.org/2018/credentials/v1",
        "https://www.w3.org/2018/credentials/examples/v1"
    ],
    // 本可验证凭证的唯一标识，也就是证书 ID
    "id": "http://example.edu/credentials/1872",
    // 可验证凭证内容的格式
    "type": ["VerifiableCredential", "AlumniCredential"],
    // 本可验证凭证的发行方
    "issuer": "https://example.edu/issuers/565049",
    // 本可验证凭证的发行时间
    "issuanceDate": "2022-01-01T19:23:24Z",
    // 可验证凭证声明的具体内容
    "credentialSubject":{
        // 被声明的人的 DID
        "id": "did:example:ebfeb1f712ebc6f1c276e12ec21",
        // 声明的断言内容
        "alumniOf":{
            "id": "did:example:c276e12ec21ebfeb1f712ebc6f1",
            "name": [{
                "value": "Example University",
                "lang": "en"
            }, {
                "value": "Exemple d'Université",
                "lang": "fr"
            }]
        }
    },
```

从样例中可以看出，VC 包含以下属性。

1. 上下文（Contexts）

@context 是一个必要属性。

该属性的值必须是一个有序集。其中，第一项为 UR2 https://www.w3.org/

2018/credentials/v1。数组中的后续项必须表示上下文信息，并且由 URI 或对象的任意组合组成。规范强烈建议@context 中的每个 URI 都应设置为必需项，这意味着如果取消 URI 引用，则会影响文档中包含有关@context 的机器可读信息。

尽管规范要求存在@context 属性，但并不要求使用 JSON-LD 处理@context 属性的值。这是为了支持使用纯 JSON 库进行处理，如在将可验证凭证编码设为 JWT 时可能使用的库。所有库或处理器都必须确保 @context 属性中值的顺序与特定应用程序的预期顺序相同。同时，支持 JSON-LD 的库或处理器可以按预期使用完整的 JSON-LD 来处理@context 属性。

2. 标识符（Identifiers）

ID 是一个必要属性。

该属性设计的原则是唯一且机器可读。在陈述有关特定事物（如人员、产品或组织）时，使用某种唯一标识符通常很有用，因为这样其他实体也可以使用同样的陈述。使用标识符、编码或代号最大的优点是可通过某种形式的标准化提高沟通效率。身份标识符 ID 属性旨在明确引用对象，如人员、产品或组织等。使用 ID 属性允许在可验证凭证中陈述有关特定事物。

如果 ID 属性存在，则应符合以下要求。

（1）ID 属性必须是其他实体在陈述有关由该标识符标识的特定事物时使用的标识符。

（2）ID 属性不能有多个值。

（3）ID 属性的值必须是 URI。

开发人员应牢记，在需要假名（别名）的情况下，标识符可能是有害的，如果隐私是一个强有力的考虑因素，则可以省略 ID 属性。

3. 类型（Types）

type 是一个必要属性。

该属性的值必须映射到（通过解释@context 属性）一个或多个 URI，如果提供了多个 URI，则必须将 URI 解释为无序集。应使用语法便利来简化开发人员对其的使用，此类便利可能包括 JSON-LD 术语。类型列表内容强调必要性，每个 URI 如果解引用则会影响相关文档中该类型的机器可读信息。

必须指明 type 属性的对象如表 4-1 所示。

表 4-1　必须指明 type 属性的对象[74]

对　　象	类　　型
凭证（Credential）	可验证凭证，以及更具体的可验证凭证类型（可选），如："type":["VerifiableCredential","UniversityDegreeCredential"]
可验证凭证（凭证的子类）	可验证凭证，以及更具体的可验证凭证类型（可选），如："type":["VerifiableCredential","UniversityDegreeCredential"]
表征（Presentation）	可验证表征，以及更具体的可验证表征类型（可选），如："type":["VerifiablePresentation","CredentialManagerPresentation"]
可验证表征（表征的子类）	可验证表征，以及更具体的可验证表征类型（可选），如："type":["VerifiablePresentation","CredentialManagerPresentation"]
凭证状态（Credential Status）	有效的凭证状态类型，如："type": "CredentialStatusList2017"
证明（Proof）	有效的证明类型，如："type": "RsaSignature2018"
证据（Evidence）	合法的证据类型，如："type": "DocumentVerification2018"
使用条款（Terms Of Use）	有效的使用条款类型，如："type": "OdrlPolicy2017"

4．凭证实体（Credential Subject）

credentialSubject 是一个必要属性。

因为可验证凭证包含有关一个或多个主体的声明。所以 W3C 规范定义了 credentialSubject 属性，用于表述有关一个或多个主体的声明。

一个 credentialSubject 的样例如下。

```
"credentialSubject":{
    "id":"did:example:ebfeb1f712ebc6f1c276e12ec21",
    "degree":{
      "type":"BachelorDegree",
      "name":"Bachelor of Science and Arts"
    }
  }
```

多个 credentialSubject 的样例如下。

```
"credentialSubject":[{
    "id":"did:example:ebfeb1f712ebc6f1c276e12ec21",
    "name":"Jayden Doe",
    "spouse": "did:example:c276e12ec21ebfeb1f712ebc6f1"
}, {
    "id":"did:example:c276e12ec21ebfeb1f712ebc6f1",
    "name":"Morgan Doe",
    "spouse":"did:example:ebfeb1f712ebc6f1c276e12ec21"
}]
```

5. 发布信息[发布者(Issuer)、发布日期(Issuance Date)、到期时间(Expiration)]

（1）issuer 是一个必要属性。该属性的值必须是 URI 或包含 id 属性的对象。还可以通过将对象与发布者属性关联来表示有关发布者的其他信息。

（2）issuedDate 是一个必要属性。issuedDate 值表示与凭证主体属性关联信息生效的最早时间点。该属性的值必须符合 W3C 官网[xmlschema11-2/#dateTime]组合日期时间字符串的规范，如"2022-01-01T19:23:24Z"。该字符串表示凭证生效的日期和时间，这个日期和时间可以是将来的日期和时间。

（3）expirationDate 属性的值应在验证程序的预期范围内。例如，验证方可以检查可验证凭证的到期日期是不是已经过去的日期。

6. 证明（Proofs）、签名（Signatures）

证明是一个或多个可用于检测篡改，以及验证凭证或表征的发布者身份的加密证明。对可验证凭证或表征来说，至少存在一种证明机制及评估该证明机制所需的细节。

W3C 规范标识了外部证明和嵌入式证明两类证明机制。外部证明是包装此数据模型表述式的证明，如 JSON Web 令牌。嵌入式证明是一种将证明包含在数据中的机制，如链接数据签名。

当采用嵌入式证明时，proof 是一个必要属性，并且用于嵌入式证明的特定方法必须使用 type 属性。

用于数学证明的方法因表述语言和所使用的技术不同，证明中属性值的键—值对（Key-value Pairs）集合将随之变化。例如，如果数字签名用于证明机制，则 proof 属性应具有名称—值对（Name-value Pairs），其中包括签名、对签名实体的引用及签名日期的表示形式。

一个嵌入式证明的样例如下。

```
    "proof":{
        "type":"Ed25519Signature2020",
        "created":"2021-11-13T18:19:39Z",
        "verificationMethod":"https://example.edu/issuers/14#key-1",
        "proofPurpose":"assertionMethod",
        "proofValue":"z58DAdFfa9SkqZMVPxAQpic7ndSayn1PzZs6ZjWp1CktyGesjuTSwRdo
WhAfGFCF5bppETSTojQCrfFPP2oumHKtz"
    }
```

7. 状态（Status）

credentialStatus 属性用于表示可验证凭证当前的状态，如凭证是"已挂起"还是"已吊销"。

如果该属性存在，则其属性的值必须包括以下内容。

（1）ID 属性，该属性必须是 URI。

（2）type 属性，表示可验证凭证状态类型（也称状态方法）。credentialStatus 属于必须指明类型的对象。

一个 credentialStatus 的样例如下。

```
    "credentialStatus":{
        "id":"https://example.edu/status/24",
        "type":"CredentialStatusList2017"
    }
```

8. 国际化（Internationalization Considerations）

数字身份标识符是全球唯一的，这意味着其更容易打造具有国际化基因的应用。

与任何 Web 标准或协议实现一样，忽略国际化会让数据难以在一组不同的语言和社会之间生成和使用，这限制了规范的适用性并显著降低了其作为标准的价值。

强烈建议 DID 规范实施者阅读 W3C 国际化工作组发布的《Web 上的字符串：语言和方向元数据》，该文档详细说明了提供支持国际化所需的文本可靠元数据。有关国际化注意事项的最新信息，建议 DID 规范实施者阅读《可验证凭证实施指南》。

4.1.2 验证过程

可验证凭证满足许多关键领域的用户需求，如图 4-7 所示。

一个 VC 的完整生命周期始于发布，终止于吊销或删除，与现实中的证照并无差别。其应用领域并不限于图 4-7 中所列的教育、零售、金融、医疗保健、职业凭证、合法身份、设备（物联网）等领域，还包括现实生活中的其他领域和数字空间中的虚拟实体、抽象实体等。

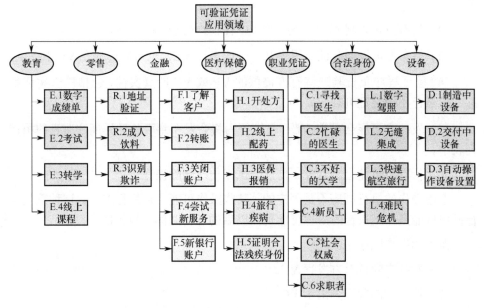

图 4-7　可验证凭证应用领域[75]

如图 4-8 所示，VC 生态系统中的角色和信息流的相关操作如下[74]。

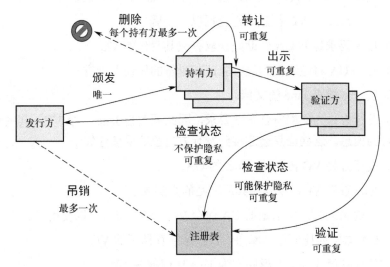

图 4-8　VC 生态系统中的角色和信息流[74]

（1）发行方给持有方颁发 VC，颁发动作始终在涉及凭证的任何其他操作之前发生。

（2）持有方可以将其一个或多个 VC 转让给另一个持有方。

（3）持有方可以向验证方提供其一个或多个 VC，也可以选择在 VP 中提供。

（4）验证程序负责验证持有方提供的 VP 或 VC 的真实性，包括检查凭证状态、检查已吊销凭证列表等。

（5）发行方可能会吊销 VC，吊销行为将会发布到可验证凭证注册表的吊销列表中。

（6）持有方可能会删除 VC 且只能执行一次删除操作。

上述操作的执行顺序不是固定的，某些操作可能会被执行多次。这种重复执行操作可能是立刻执行的，也可能是在以后的任何时间点执行的。

典型的操作顺序是：

（1）发行方向持有方发行 VC。

（2）持有方向验证方出示 VC。

（3）验证方进行验证。

这其实就是"SSI 验证三角"的基本内容。

那么，如何创建一个 VC 呢？其流程如图 4-9 所示。

用户代理（User Agent，UA）指一个软件程序、网页或软件服务。

图 4-9 中 Jane 的 VC 创建流程包括以下步骤。

（1）Jane 要求她的 UA 帮助她获取有关其身份的 VC。

（2）她的 UA 将她连接到能够验证其身份的凭证发行方。

（3）发行方检查 Jane 的文档。

（4）发行方认为文档符合发证要求，因此颁发给 Jane 一个 VC，其中包括有关她身份的信息，这些信息会连接到发行方自己的受信任凭证。

（5）发行方将 VC 传送回 Jane 的 UA。

（6）Jane 查看 VC，以确保其反映她的真实要求。

（7）当她满意时，指示她的 UA 保存 VC，以便将来可以使用它。

（8）UA 与她的凭证存储库通信，指示它存储新的 VC。

（9）凭证存储库向 UA 返回它为 Jane 保留的 VC 列表。

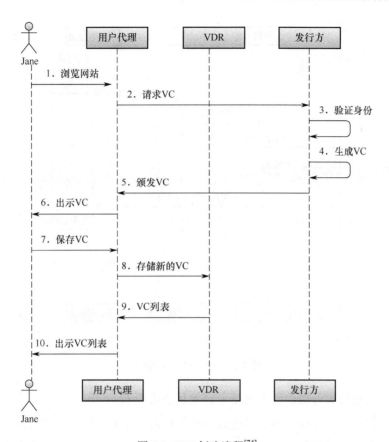

图 4-9　VC 创建流程[74]

（10）UA 向 Jane 展示了她的 VC 列表以确认她拥有的所有内容。

图 4-10 展示了 Jane 购物时的年龄验证流程。

（1）Jane 决定在某网站（商家）上购物。

（2）商家要求 Jane 年满 21 周岁，并且要求 Jane 证明这一点（通过 UA 支持的 API 调用）。

（3）Jane 的 UA 要求她的凭证存储库提供证据证明其年龄。

（4）凭证存储库向 Jane 显示其持有的一些 VC，这些凭证可以支持她的年龄声明（例如，她的护照、驾驶执照和出生证明）。

（5）Jane 选择其中之一，并且授权与商家共享。

（6）凭证存储库返回所选凭证作为对 UA 支持的 API 调用的应答，而 API 调用又将其传递给商家。

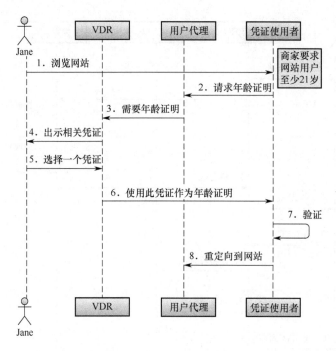

图 4-10　年龄验证流程[74]

（7）商家的服务端验证声明是否有效且满足要求。

（8）如果声明有效，商家通过适当的授权将 UA 重定向到指定网站。

从以上生态和流程中可以看出，分布式系统与集中式系统的本质差异是身份数据的存储位置。集中式系统的所有数据都保存在身份机构，具体的格式和存储类型等对用户透明；而分布式系统的身份数据保存在本地 UA 和公共存储链上，拥有者在物理上拥有身份，这种方式更接近现实生活。

4.2　可验证表征

可验证表征（Verifiable Presentation，VP）是从一个或多个发布方颁发的一个或多个可验证凭证派生的数据，这些数据可与特定验证方共享。VP 是一种防篡改的表示形式，由披露这些凭证的主体用密码签名，其编码方式使得在加密验证过程之后可以信任数据的作者身份。某些类型的 VP 可能包含从原始 VP（如零知识证明）合成但不包含凭证的数据[74]。

W3C 规范中定义 VP 的目的是增强隐私保护，用于证明实体在特定场景下的身份角色属性。无论是直接使用 VC，还是从 VC 中获得数据构造身份证明，DID 身份证明都将以 VP 的形式被出示。

增强隐私是 VP 的一个关键功能，对使用此技术的实体而言，要求仅表述特定场景中的特定内容。例如，一个人的角色子集的表述被称为 VP，角色子集包括在线游戏角色、家庭角色或工作角色等。

如果直接提供 VC，则它们将被表示为 VP 从 VC 派生的数据格式，这些凭证在加密上是可验证的，但本身不包含 VC，也可以是 VP。

VP 中的数据通常与同一主体有关，但也可能由多个发布方颁发。此信息的聚合通常表示个人、组织或实体的某个方面的事实或资格。

VP 与 VC 的一个显著区别是缺少发证方属性，并且 VP 的 ID 属性是可选的。缺少发证方属性是为了在 ZKP 实施中避免被迫暴露持证方的 ID[17]。

如图 4-11 所示，VP 的基本组件包含表征元数据、可验证凭证和证明。

图 4-11　VP 基本组件[74]

图 4-12 是对表征更完整的描述，至少由 4 个信息图组成：表征图、凭证图、凭证证明图、表征证明图。

可能有一些 VP，如商业人物，它利用了不同主体的多个凭证，这些凭证通常是相关的，但相关性并不是一种强制要求。

图 4-13 是 ZKP 表征中凭证和派生凭证（Derived Credentials）之间关系的可视化示例。

验证方在验证 VP 时，必须验证以下几点[74]。

（1）需要验证 VP 对应的验证请求合法且未过期。例如，验证方可以要求 VP 对应的验证请求 ID 合法且未被使用过，用于防范重放攻击。

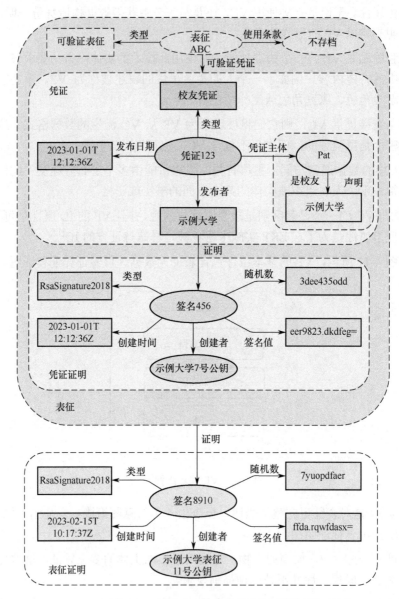

图 4-12　与基本 VP 关联的信息图[74]

（2）对 VP 里附带的每一个 VC 或声明，都需要验证内容及签名合法有效。

（3）需要证明所有 VC 的有效期都符合要求，VC 格式符合信息注册库里的格式定义，并且所有 VC 均未被吊销。

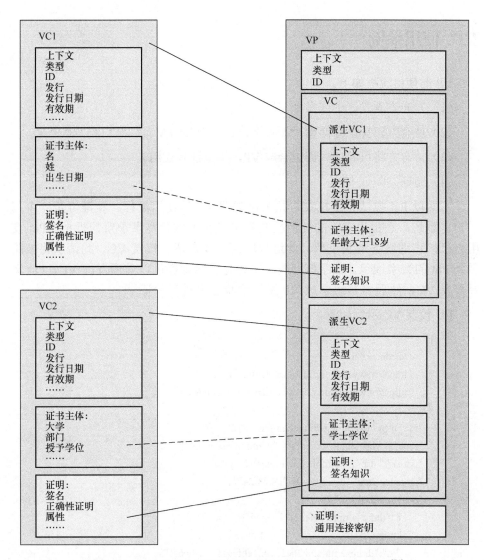

图 4-13　ZKP 表征中凭证和派生凭证之间关系的可视化示例[74]

（4）需要验证所有 VC 的发证方信息与信息注册库里的信息一致。

（5）需要验证从 VC 到声明的推断合法有效。

可以看出，VP 只是 VC 集合的一个视图（View），验证 VP 就是验证每个 VC 的明细。

4.3 使用举例

VP 的使用流程如下。

（1）发布方颁发一个或多个 VC。

（2）持有方在凭证存储库（如数字钱包）中存储 VC。

（3）持有方将可验证凭证组合成 VP，供验证者使用。

（4）验证方验证 VP。

下面以 Pat 尝试兑换校友折扣为例说明 VP 的使用流程。验证方是一个门票销售系统，它指出 EU 的任何校友都可以获得体育赛事季票的折扣。Pat 使用自己的移动设备购买季票。此过程的第一步是请求校友 VC，此请求将被路由到 Pat 的数字钱包。数字钱包询问 Pat 是否愿意提供以前颁发的 VC，Pat 选择校友 VC，然后将其组合成 VP 发送给验证方进行验证。

EU 校友 VC 示例如下。

```json
{
  "@context":[
  "https://www.w3.org/2018/credentials/v1",
  "https://www.w3.org/2018/credentials/examples/v1"
  ],
  "id":"http://example.edu/credentials/1872",
  "type":["VerifiableCredential", "AlumniCredential"],
  "issuer":"https://example.edu/issuers/565049",
  "issuanceDate":"2022-01-01T19:23:24Z",
  "credentialSubject":{
    "id":"did:example:ebfeb1f712ebc6f1c276e12ec21",
    "alumniOf":{
      "id":"did:example:c276e12ec21ebfeb1f712ebc6f1",
      "name":[{
        "value":"Example University",
        "lang":"en"
      },{
        "value":"Exemple d'Université",
        "lang":"fr"
      }]
    }
  }
```

```
        },
    "proof":{
            "type":"RsaSignature2018",
            "created":"2017-06-18T21:19:10Z",
            "proofPurpose":"assertionMethod",
            "verificationMethod":"https://example.edu/issuers/565049#key-1",
"jws":"eyJhbGciOiJSUzI1NiIsImI2NCI6ZmFsc2UsImNyaXQiOlsiYjY0Il19..TCYt5XsITJX1CxPC
T8yAV-TVkIEq_PbChOMqsLfRoPsnsgw5WEuts01mq-Qy7UJiN5mgRxD-WUcX16dUEMGlv50aq
zpqh4Qktb3rk-BuQy72IFLOqV0G_zS245-kronKb78cPN25DGlcTwLtjPAYuNzVBAh4vGHSrQyH
UdBBPM"
        }
    }
```

EU 校友 VP 示例如下。

```
{
    "@context":[
        "https://www.w3.org/2018/credentials/v1",
        "https://www.w3.org/2018/credentials/examples/v1"
    ],
    "type": "VerifiablePresentation",
    "verifiableCredential": [{
        "@context": [
            "https://www.w3.org/2018/credentials/v1",
            "https://www.w3.org/2018/credentials/examples/v1"
        ],
        "id": "http://example.edu/credentials/1872",
        "type": ["VerifiableCredential", "AlumniCredential"],
        "issuer": "https://example.edu/issuers/565049",
        "issuanceDate": "2022-01-01T19:23:24Z",
        "credentialSubject":{
            "id": "did:example:ebfeb1f712ebc6f1c276e12ec21",
            "alumniOf":{
                "id": "did:example:c276e12ec21ebfeb1f712ebc6f1",
                "name": [{
                    "value":"Example University",
                    "lang":"en"
                }, {
                    "value":"Exemple d'Université",
                    "lang":"fr"
                }]
```

```
        }
      },
      "proof":{
        "type":"RsaSignature2018",
        "created":"2017-06-18T21:19:10Z",
        "proofPurpose":"assertionMethod",
        "verificationMethod": "https://example.edu/issuers/565049#key-1",
        "jws":"eyJhbGciOiJSUzI1NiIsImI2NCI6ZmFsc2UsImNyaXQiOlsiYjY0Il19..TCY
t5XsITJX1CxPCT8yAV-TVkIEq_PbChOMqsLfRoPsnsgw5WEuts01mq-pQy7UJiN5mgRxD-WUc
X16dUEMGlv50aqzpqh4Qktb3rk-BuQy72IFLOqV0G_zS245-kronKb78cPN25DGlcTwLtjPAYuNz
VBAh4vGHSrQyHUdBBPM"
      }
    }],
    "proof":{
      "type": "RsaSignature2018",
      "created": "2022-09-14T21:19:10Z",
      "proofPurpose": "authentication",
      "verificationMethod": "did:example:ebfeb1f712ebc6f1c276e12ec21#keys-1",
      "challenge": "1f44d55f-f161-4938-a659-f8026467f126",
      "domain": "4jt78h47fh47",
      "jws":"eyJhbGciOiJSUzI1NiIsImI2NCI6ZmFsc2UsImNyaXQiOlsiYjY0Il19..kTCYt5
XsITJX1CxPCT8yAV-TVIw5WEuts01mq-pQy7UJiN5mgREEMGlv50aqzpqh4Qq_PbChOMqsLfR
oPsnsgxD-WUcX16dUOqV0G_zS245-kronKb78cPktb3rk-BuQy72IFLN25DYuNzVBAh4vGHSrQ
yHUGlcTwLtjPAnKb78"
    }
  }
```

　　在现实的解决方案中，未必严格执行 VC 和 VP 规范，而是使用更简洁的表述方式，但原理上并无差别，实现的功能也一致。

第 5 章

分布式数字身份开发案例

DID 开发可分为三大类。

（1）DID 服务开发或基础设施开发。例如，星火·链网 DID 等，一般是实力企业为 DID 提供基础设施及全方位服务的开发。

（2）面向终端应用的开发。为消费者（如使用者、Holder、Subject）提供便利的接入服务，如 DID 钱包（DID Wallet），或者作为数字钱包的身份组件出现的开发。

（3）接入服务开发。为机构或企业提供 DID 用户接入服务的开发，如把 DID 接入原有的业务系统，即验证方服务；或者为认证机构重新开发凭证认证系统，即发行方服务。

目前，已经有多家 DID 服务上线（服务数量可视为有效 DID 方法数量）。

5.1 DID 基本操作

如果按照面向对象的分析（Object Oriented Analysis，OOA）方法来看，DID 作为一个类（Class），除了包含属性（Attribute），还具有基本的操作（Operation）或动作（Action），也可以称为消息（Event）响应。W3C 定义的基本动作包括创建（Create）、使用（Use）、读取（Read）、更新（Update）、停用（Deactivate）[76]。DID 通过动作和外界产生关联。

5.1.1 创建

控制器创建 DID，将标识符和加密证明做唯一绑定，通常使用公钥—私钥对（Public-private Key Pairs），DID 创建和注册基本流程如图 5-1 所示。

图 5-1　DID 创建和注册基本流程[76]

5.1.2 使用

在获得 DID 之后，就可以进行展示（Present）、发布（Publish）、签字（Sign）、响应（Response）等动作，DID 使用基本流程如图 5-2 所示。

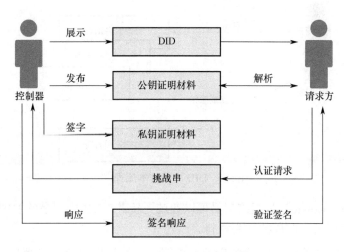

图 5-2　DID 使用基本流程[76]

5.1.3　读取

如图 5-3 所示，DID 文档可以理解为适合代表主体建立安全交互的信息，如公钥材料和服务端点。

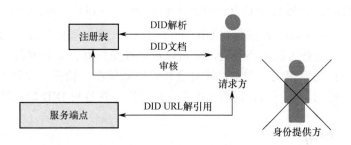

图 5-3　DID 读取基本流程[76]

图 5-3 中的 DID 解析和 DID URL 解引用可参考 "2.1.5 基本组件及关系" 等节中的相关解释。

5.1.4　更新

在 DID 更新基本流程中，控制器采用多种方式来确保 DID 的持续有效性，如图 5-4 所示。

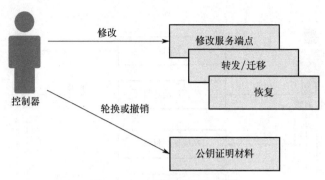

图 5-4 DID 更新基本流程[76]

- 轮换（Rotate）是指控制器可以通过更新其 VDR 中记录的 DID 文档来轮换（更新）DID 的加密材料。

- 修改服务端点（Modify Service Endpoint）是指 DID 控制器应该能够更改与 DID 关联的服务端点，包括用于作为任何给定端点的使用者进行身份验证的证明机制。

- 转发/迁移（Forward/Migrate）是指为了支持互操作性，某些 DID 方法会为 DID 控制器提供一种在其 VDR 中记录的方式（如更新 DID 文档），将 DID 重定向到另一个 DID，新的 DID 具有表示原 DID 的完全权限。该机制还允许 DID 控制器将 DID 从一种方法或 VDR 迁移到另一种方法或 VDR。

- 恢复（Recover）是指某些 DID 方法会提供一种必要时恢复对 DID 控制的方法。这些方法各不相同，但可以包括社交恢复、多重签名、Shamir 共享或预轮换密钥。通常，恢复会触发对新证明的轮换，允许该新证明的 DID 控制者在不与任何请求方交互的情况下恢复对 DID 的控制。

5.1.5 停用

停用（Deactivate）是指控制器应该能够停止使用 DID，以便下游进程（如身份验证和取消引用）不再起作用，而不是在物理上删除（Delete/Erase）DID，物理上的删除违反身份永续原则。DID 停用操作基本流程如图 5-5 所示。

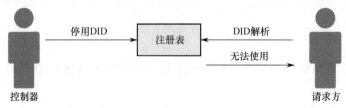

图 5-5 DID 停用操作基本流程[76]

至此，DID 的生命周期完全结束。以上基本动作经过组合可以满足绝大多数应用场景的需求。

5.2　基于"星火·链网"的分布式数字身份标识

5.2.1　星火标识概述

星火标识（Blockchain-based Identifier，BID）是基于 W3C DID 标准开发的分布式身份标识，任意实体均可自主生成星火标识，不用通过中心化注册机构就可以实现全球唯一性，具有分布式、自主管理、保护隐私和安全易用等特点。同时，根据算法的不同，BID 支持 39～57 位变长编码方式，可有效适应各种业务场景，并且兼容各类设备。

5.2.2　"星火·链网"的分布式数字身份架构

BID 依托星火链主子链架构，该架构是一个层次化的模型，由主链和子链组成。同一私钥在主链和子链上使用相同的数字身份，只是在子链上的 BID 增加了共识码（Autonomous Consensus System Number，ACSN），也称 AC 号。

主链主要存储 BID 在主链的数字身份信息、在主链的基本属性信息、到子链的寻址信息。子链存储 BID 在子链的数字身份信息和在子链的基本属性，如与子链所处行业相关的信息、具体标识的设备信息等。

5.2.3　BID 协议与标准

BID 的 ABNF 定义如下。

bid-did ="did:bid:"bid-specific-identifier;

其中，did: bid 是固定前缀。

- bid-specific-identifier = 0*1(acsn ":") suffix / acsn ":" 0*1(suffix)。
- acsn（可选）：后缀或 acsn:后缀（可选）。
- acsn = 4(ALPHA / DIGIT)；4 个小写字母或数字组合。
- suffix = (22,42)(ALPHA / DIGIT)；长度范围为 22～42 的字母或数字组合。

BID 文档遵循 DID 文档规范，并且进行了一定的扩展。BID 文档主要属性说明如下。

（1）@context：必填。一组解释 JSON-LD 文档的规则，遵循 DID 规范，用于实现不同 DID 文档的互操作，其中必须包含 https://www.w3.org/ns/did/v1。

（2）version：必填。文档的版本号，用于文档的版本升级。

（3）id：必填。文档的 BID。

（4）authentication：必填。一组公钥 BID，表明此 BID 的归属，拥有此公钥对应私钥的一方可以控制和管理此 BID 文档。

（5）extension：BID 扩展字段。包含如下字段。

① recovery：选填。一组公钥 ID，在 authentication 私钥泄露或丢失的情况下恢复对文档的控制权。

② ttl：必填。Time-To-Live，即解析使用缓存时缓存生效的时间，单位是秒。

③ type：必填。BID 文档的属性类型。目前取值范围如下。

- 101：人
- 102：企业
- 103：节点
- 104：智能设备
- 105：智能合约
- 201：图片
- 202：视频
- 203：文档
- 204：资源数据
- 205：凭证
- 206：AC 号
- 999：其他

④ attributes：必填。一组属性，属性为如下结构。

- key：属性的关键字。
- desc：选填。属性描述。
- encrypt：选填。是否加密，0 为非加密，1 为加密。
- format：选填。包括 image、text、video、mixture 等数据类型。

- value：选填。属性自定义值。

⑤ acsns：选填。一组子链 AC 号，只有 BID 文档类型不是凭证类型且文档为主链上的 BID 文档时，才会有该字段，存放当前 BID 拥有的所有 AC 号。

⑥ verifiableCredentials：选填。凭证列表，包含 ID 和 type 两个字段。ID 为可验证凭证的 BID；type 为凭证类型。目前取值范围如下。

- 201：可信认证
- 202：学历认证
- 203：资质认证
- 204：授权认证

⑦ service：选填。一组服务地址，包括 ID、type 和 serviceEndpoint。其中，id 为服务地址的 ID。type 为字符串，代表服务类型。type 目前的取值范围如下。

- DIDDecrypt：加解密服务
- DIDStorage：存储服务
- DIDRevocation：凭证吊销服务
- DIDResolver：解析服务
- DIDSubResolver：子链解析服务

serviceEndpoint 为一个 URI 地址。当 type 为子链解析服务时，service 为以下结构。

- ID：服务地址的 ID。
- type：DIDSubResolver。
- version：服务支持的 BID 解析协议版本。
- protocol：解析协议支持的传输协议类型。
- serverType：服务地址类型，0 为域名形式，1 为 IP 地址形式。
- serviceEndpoint：解析地址的 IP 或域名。
- port：serverType 为 1 时会有该字段，解析服务的端口号。

⑧ created：必填。创建时间。

⑨ updated：必填。上次的更新时间。

⑩ proof：选填。文档所有者对文档内容的签名。

- creator：proof 的创建者，在这里是一个公钥的 ID。
- signatureValue：使用相应私钥对除了 proof 字段的整个 BID 文档签名。

BID 文档示例如下。

```
{
"@context":["https://www.w3.org/ns/did/v1"],
"version":"1.0.0",
"id":"did:bid:efnVUgqQFfYeu97ABf6sGm3WFtVXHZB2",
"publicKey":[{
    "id":"did:bid:efnVUgqQFfYeu97ABf6sGm3WFtVXHZB2#key-1",
    "type":"Ed25519",
    "controller":"did:bid:efnVUgqQFfYeu97ABf6sGm3WFtVXHZB2",
    "publicKeyHex":"b9906e1b50e81501369cc777979f8bcf27bd1917d794fa6d5
e320b1ccc4f48bb"
}, {
    "id":"did:bid:efnVUgqQFfYeu97ABf6sGm3WFtVXHZB2#key-2",
    "type":"Ed25519",
    "controller":"did:bid:efnVUgqQFfYeu97ABf6sGm3WFtVXHZB2",
    "publicKeyHex":"31c7fc771eba5b511b7231e9b291835dd4ebde51cc0e757a
84464e7582aba652"
}],
"authentication":["did:bid:efnVUgqQFfYeu97ABf6sGm3WFtVXHZB2#key-1"],
"extension":{
    "recovery":["did:bid:efnVUgqQFfYeu97ABf6sGm3WFtVXHZB2#key-2"],
    "ttl": 86400,
    "delegateSign ":{
        "signer":"did:bid:efJgt44mNDewKK1VEN454R17cjso3mSG#key-1",
        "signatureValue":"eyJhbGciOiJSUzI1NiIsImI2NCI6ZmFsc2UsImNya
XQiOlsiYjY0Il19"
    },
    "type": 206
},
"service":[{
    "id":"did:bid:ef24NBA7au48UTZrUNRHj2p3bnRzF3YCH#subResolve",
    "type": "DIDSubResolve",
    "version": "1.0.0",
    "serverType":1,
    "protocol":3,
    "serviceEndpoint":"192.168.1.23",
    "port":8080
}],
"created":"2021-05-10T06:23:38Z",
"updated":"2021-05-10T06:23:38Z",
"proof": {
    "creator": "did:bid:efJgt44mNDewKK1VEN454R17cjso3mSG#key-1",
```

　　　　　　"signatureValue":"9E07CD62FE6CE0A843497EBD045C0AE9FD6E1845414D0
ED251622C66D9CC927CC21DB9C09DFF628DC042FCBB7D8B2B4901E7DA9774C20065202B
76D4B1C15900"

```
    }
}
```

5.2.4　BID 可信证书

传统生活中的物理介质证书一般包括以下内容。

（1）证明主体信息（如姓名、身份证号等）。

（2）发行方信息（如学校、公安等）。

（3）证书类型（如学历、驾照等）。

（4）证书证明结论（如学位、健康码等）。

（5）证书限制条件（如有效期、有效地域范围等）。

BID 可信证书（BID VC）即 W3C 规范中的可验证凭证，是以上信息的数字化表述，再基于密码学技术（如数字签名等）做防伪证明，使得持有方可以在不担心被伪造篡改的前提下使用 BID VC。

BID VC 体系中的主要参与者包括发布方、证书主体、持有方、验证方和可信数据集，如图 5-6 所示。

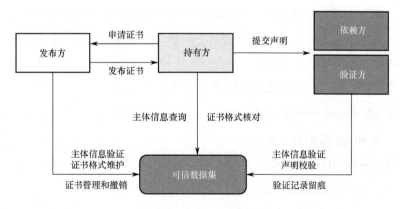

图 5-6　BID VC 体系

BID VC 使用流程如下。

（1）依赖方向主体发出证书验证请求，注明需要的证书条件和验证方信息。

（2）持有方根据验证要求，组合可信证书并构造可信声明，发送给指定的验证方。

（3）验证方验证声明，如果验证通过，返回验证结果。

（4）持有方得到验证结果后，交给依赖方。（当验证方和依赖方是同一个主体时，这一步可以省略。）

验证方在对声明做验证时，必须验证如下几点。

（1）验证声明对应的验证请求合法且未过期。根据业务需要，验证方可以要求可信声明对应的验证请求 id 合法且未被使用过，从而防范重放攻击。

（2）对声明里附带的每个数字证书，都需要验证其内容签名是否合法有效。

（3）验证所有证书的有效期符合要求，证书格式符合公开可信数据集中的格式定义，并且所有证书均未被撤销。

（4）验证所有证书的发证方信息与公开可信数据库中的信息一致。

（5）验证从证书到声明的推断合法有效。

5.2.5　BID-SDK

为了方便开发者快速加入星火主链的生态建设中，星火链提供 BID-SDK 供开发者使用，常用功能分类如下。

（1）获取版本号：获取 BID-SDK 版本号和 BID 版本号。

（2）BID 工具：生成 BID 标识和验证 BID 地址格式的合法性。

（3）公私钥工具：生成星火格式的公私钥、使用星火格式的私钥生成签名、使用星火格式的公钥生成签名。

下面介绍 Java 版本的 BID-SDK 常用方法。

SDK sdk = new SDK(); //sdk 实例。

（1）String getSdkVersion()。

功能：获取 SDK 版本号。

（2）Result isValidBid(String bid)。

功能：验证 BID 格式是否合法。

（3）KeyPairEntity getBidAndKeyPair()。

KeyPairEntity getBidAndKeyPair(KeyType keyType);

KeyPairEntity getBidAndKeyPair(String chainCode);

KeyPairEntity getBidAndKeyPair(KeyType keyType, String chainCode)。

功能：生成 BID 地址和公私钥对。

参数：

- chainCode：链码。

- KeyType：加密类型，枚举值如 ED25519（默认值）、SM2。

（4）String getBidByBifPublicKey(String publicKey) throws SDKException。

功能：根据 BIF 格式的公钥生成 BID。

使用示例：

```
    String bid= sdk.getBidByBifPublicKey("B06566766FC2A97B74339EB3F662B49410CD
56C23D5CC8B31005459AA92B5D4D7D7563");
```

（5）String getBifPubkeyByPrivateKey(String privateKey) throws SDKException。

功能：根据 BIF 格式的私钥生成公钥。

（6）byte [] signBlob(String message,String privateKey) throws SDKException。

功能：使用 BIF 格式的私钥进行消息签名。

（7）boolean verifySig(String publicKey, String srcMessage,byte [] signatureOfPrivateKey) throws SDKException。

功能：使用 BIF 格式的公钥验证消息签名。

参数：

- publicKey：BIF 格式的公钥。

- srcMessage：消息明文。

- signatureOfPrivateKey：BIF 格式的私钥签名后的消息。

返回值：

- true：消息签名验证通过。

- false：消息签名验证不通过。

（8）Result getBIDTemplate()。

功能：获取 BID 标识模板。

返回的 BID 标识模版内容如表 5-1 所示。

（9）Result createBIDByTemplate(String doc)。

功能：通过模板创建 BID 标识。

参数：doc。数据 json 串，文档内容。

表 5-1　返回的 BID 标识模板内容

参　数	类　型	说　明
status	Boolean	成功 true；失败 false
message	String	JSON 结果信息
message.bifamount	Long	转账金额
message.senderAddress	String	地址
message.privateKey	String	私钥
message.remarks	String	备注
message.bids	List	List 集合
message.feeLimit	Long	交易花费的手续费（单位是 PT），默认为 1000000L
message.gasPrice	Long	打包费用（单位是 PT），默认为 100L
message.ceilLedgerSeq	Long	区块高度限制。如果大于 0，则交易只有在该区块高度之前（包括该高度）才有效

通过模版创建 BID 标识的返回内容如表 5-2 所示。

表 5-2　通过模板创建 BID 标识的返回内容

参　数	类　型	说　明
status	Boolean	成功 true；失败 false
message	String	返回结果信息
message.hash	String	返回交易 hash

（10）Result createBID(BIDRequest request)。

功能：通过对象创建 BID 标识。

参数：BIDRequest。

通过对象创建 BID 标识返回内容如表 5-3 所示。

表 5-3　通过对象创建 BID 标识返回内容

参　数	必　选	类　型	说　明
senderAddress	true	String	地址
senderPrivateKey	true	String	私钥
amount	true	Long	转账金额
remark	true	String	交易备注
bids	true	List	详见参数列表 BidParameter

（11）Result resolverBid(String bid)。

功能：递归解析 BID 标识。

参数：

- bid：BID 地址

返回：Result。

（12）Result isValidProof(String doc)。

功能：文档所有者对文档内容的签名进行验证。

参数：

- doc：文档内容。

返回：Result。

（13）Result bidQueryByContract(String bid)。

功能：通过合约地址查询 BID 标识。

参数：

- bid：BID 地址

返回：Result。

（14）Result queryTransactionInfoByHash(String hash)。

功能：通过 Hash 地址查询交易信息。

参数：

- hash：Hash 地址。

返回：Result。

（15）Result getBidByHash(String hash)。

功能：通过解析 BID 标识交易 Hash 地址获取 BID 标识地址。

参数：

- hash：BID 标识交易 Hash 地址。

返回：Result。

如表 5-4 所示是 BID 常见异常码，表中展现了 DID 应用中的常见问题，可以作为重要的开发参考。

表 5-4　BID 常见异常码

异 常 码	标 识 符	提 示 消 息
−1	EXCEPTIONCODE_GENERATOR_KEY_ERROR	GENERATOR_KEY_ERROR
−2	EXCEPTIONCODE_UNSUPPORT_ENCODETYPE	UNSUPPORT_ENCODETYPE
−4	EXCEPTIONCODE_UNSUPPORT_KEYTYPE	UNSUPPORT_KEYTYPE
−5	EXCEPTIONCODE_INVALID_CHAINCODE	INVALID_CHAINCODE
−6	EXCEPTIONCODE_INVALID_KEY	INVALID_KEY
−7	EXCEPTIONCODE_SIGN_FAILED	SIGN_FAILED
−8	IDENTIFIER_ENGINE_ERROR	IDENTIFIER_ENGINE_ERROR
−9	EXCEPTIONCODE_VERIFY_FAILED	VERIFY_FAILED
−10	EXCEPTIONCODE_SYSTEM_ERROR	SYSTEM_ERROR
−11	EXCEPTIONCODE_INVALID_SIGN	INVALID_SIGN
−12	EXCEPTIONCODE_HASH_FAILED	HASH_FAILED

5.2.6　BID 开发案例

以下代码示例均采用 Java 实现。

代码示例 1：生成 BID 和密钥对。

```
SDK bidSdk = new SDK();
KeyPairEntity kaypairEntity = bidSdk.getBidAndKeyPair();
String publicKey = kaypairEntity.getPublicKey();
String privateKey = kaypairEntity.getPrivateKey();
String bid = kaypairEntity.getBid();
System.out.println("publicKey=" + publicKey);
System.out.println("privateKey=" + privateKey);
System.out.println("bid=" + bid);
```

代码运行结果示例如下。

```
publicKey=B065663AB9B799B71321AFC57ECD7A6C9D83CFB140F923A50BB7142B
89EE22B7B831E9
privateKey=priSPKtbpzaVrr5cGuwsisxWGyCQHh9sAhUrDeUP5rsaHUoWBF
bid=did:bid:efz32msmZGpWqfF1Jt1gvLmQWjKdAhrw
```

代码示例 2：BIDDocument 属性说明。

```
public class BIDDocumentOperation {

    @JsonProperty(value =   "@context")
    private String context[];
    private String version;
    private String id;
    private BIDpublicKeyOperation publicKey[];
    private String authentication[];
    private BIDAlsoKnownAsOperation alsoKnownAs[];
    private BIDExtensionOperation extension;
    private BIDServiceOperation service[];
    private String created;
    private String updated;
    private BIDProofOperstion proof;
    …
}
```

5.3 Indy

Indy 是一个公共分布式账本，专为保护隐私的自主主权身份而设计。其中，Hyperledger Indy 分布式账本专门设计用于支持使用可验证凭证，允许凭证颁发者发布可验证凭证所需的数据，并且可以通过这些可验证凭证构建可验证表征[77]。

Indy 是 Sovrin 使用的超级账本。

IndySDK 为 Java、Python、iOS、NodeJS、.Net、Rust 等编程语言或平台提供包装器，并且提供样例代码[83]。Indy SDK Java 代码示例如下。

1. 创建 DID

```
CreateAndStoreMyDidResult  createMyDidResult  =  Did.createAndStoreMyDid(myWallet,
"{}").get();
    String myDid = createMyDidResult.getDid();
    String myVerkey = createMyDidResult.getVerkey();
```

2. 验证方验证声明

```
JSONObject revealedAttr1=proof.getJSONObject("requested_proof").getJSONObject
("revealed_attrs").getJSONObject("attr1_referent");
    assertEquals("Alex", revealedAttr1.getString("raw"));
    assertNotNull(proof.getJSONObject("requested_proof").getJSONObject("unrevealed_
```

```
attrs").getJSONObject("attr2_referent").getInt("sub_proof_index"));
    assertEquals(selfAttestedValue, proof.getJSONObject("requested_proof").getJSONObject
("self_attested_attrs").getString("attr3_referent"));
    String revocRegDefs = new JSONObject().toString();
    String revocRegs = new JSONObject().toString();
    Boolean valid = verifierVerifyProof(proofRequestJson, proofJson, schemas, credentialDefs,
revocRegDefs, revocRegs).get();
    assertTrue(valid);
```

5.4　ION

ION 是一个基于 Sidetree 协议的第二层开放、无须许可的网络，不需要特殊令牌、受信任的验证器或其他共识机制，比特币时间链的线性进展是其运行所需的全部内容[78]。

为了将 DID 交到用户手中，并且让开发人员轻松地将 ION DID 集成到钱包、分布式应用程序和凭证相关服务中，微软贡献了一个用于生成 DID 的开源库并开放了 ION 节点，为锚定 ION DID 提供了一个轻松的选项[79]。微软 github.com 开源库中部分代码参考（Java Script）如下。

代码示例 1：创建密钥对。

```
async function generateKeyPair(factory){
  const keyPair = await factory.generate({
    secureRandom: () => randomBytes(32)
  });
  const { publicKeyJwk, privateKeyJwk } = await keyPair.toJsonWebKeyPair(true);
  return {
    publicJwk: publicKeyJwk,
    privateJwk: privateKeyJwk
  }
}
```

代码示例 2：创建一个 DID。

```
async function generateDID(){
  let authnKeys = await ION.generateKeyPair();
  return new ION.DID({
    content: {
      publicKeys: [
        {
```

```
          id: 'key-1',
          type: 'EcdsaSecp256k1VerificationKey2019',
          publicKeyJwk: authnKeys.publicJwk,
          purposes: [ 'authentication' ]
        }
      ],
      services: [
        {
          id: 'domain-1',
          type: 'LinkedDomains',
          serviceEndpoint: 'https://foo.example.com'
        }
      ]
    }
  });
};
```

第 6 章

应 用 场 景

本章将简要介绍几类典型 DID 应用场景，突出 DID 的使用特点并分析其流程、作用、优势、面临的挑战等。总体来说，DID 更适合在需要全球范围内标识唯一身份的场景中使用，换句话说就是 DID 更适合跨界使用。对一个小范围内的编码来说，如企业内设备编号，或者需要方便人类直接读取的编码，如灯杆编码、发动机编号、护照号等，DID 相对冗长，只适合作为主体的一个补充"外交"属性。

本章将通过应用场景分析，探索 DID 擅长解决的问题、面临的挑战和存在的风险，促进 DID 尽快融入现有各类系统中，也为数字身份相关新服务的研发提供一些思路。

6.1 W3C DID 用例

W3C 提供的 DID 用例分为企业（Corporate）、学工（Learners & Workers）、法律（Law & Legal）、身份验证和授权（Authentication & Authorization）、供应链（Supply Chain）、零售和消费者（Retail & Consumer）6 个领域，如图 6-1 所示。

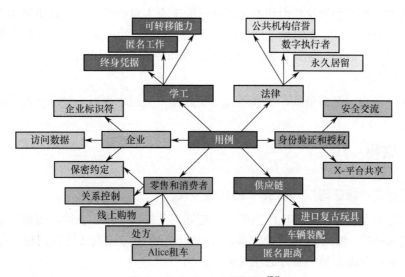

图 6-1 W3C DID 用例领域[76]

图 6-2 展示了 Jane（主体）与身边资源可能发生的关联活动，称为 Jane 生态资源。

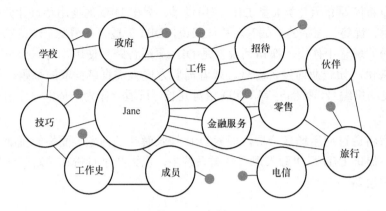

图 6-2　Jane 生态资源[67]

在图 6-2 中，Jane 的周围是由连接的圆圈组成的生态系统，这些圆圈代表她的个人经历、证书和成员资格，其中，实心小圆点代表 DID。

例如，Jane 是某企业的一名员工，她工作的企业为她颁发了一个 DID，证明她为公司工作，并且还确认了她的职位和雇用日期。

生态资源图中的这些组织都可以通过验证个人身份凭证以实现更快的交易，这是一种更轻松、安全的凭证证明，并且只确认必需的个人信息，而不暴露或传输所有的个人信息，因此在发布方、验证方和持有方之间形成了"信任三角"，使各方都受益。

DID 作为一个新事物，从商业应用切入是一个成本更低、效率更高的选择。

6.2　旅行

旅行是"凭证集"（VC Set）的典型场景。

旅行涉及多个行业的证照声明，如交通、住宿、医疗、保险、餐饮、金融、公安出入境等。使用 DID 解决方案，用户凭自己的数字身份（可以同时使用多个身份）就可以规划整个旅行的相关资源。

旅行的特点是会为了单一目标而产生大量的各类资源访问凭证（包括衣、食、住、行等）。因此，可以个人申请一个旅行 DID，然后为此 DID 转入身份凭证，申请旅行凭证集，并且生成旅行 VP。在每个资源节点，出示旅行 VP 即可获取所需的资源或服务。这与现实中到处出示各类身份证件和门票相比，要简单安全得多。

图 6-3 展示了旅行主体与身边资源可能发生的关联活动，称为旅行生态资源。

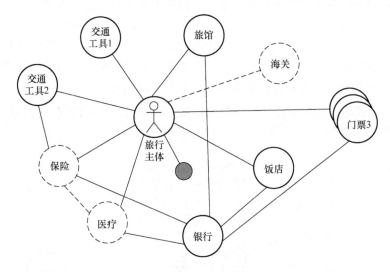

图 6-3　旅行生态资源

旅行取消操作变得更加简单，不再需要把消息推送到每个环节的业务系统，只需要吊销旅行 DID。这意味着每个旅行环节在验证时，一致地去访问旅行 DID 的状态即可；至于各个业务系统中的数据，均由系统自身进行维护，与"旅行系统"没有关系。

付费也变得简单，在住宿、餐饮等环节，如果采用后付费方式，甚至连确认操作都不需要。

旅行过程的详细数据可以保存在用户的本地设备中，以便随时查询与调整。与 Web2.0 时代使用电话号码或身份证号码不同，整个旅行过程不再需要向工作人员展示旅行主体在现实世界中的任何信息。

旅行 DID 在整个旅行系统中的作用是无须注册就能有效打通每个认证环节，从而取得"通关"或相关服务资格，但具体业务处理，如门票购买退费、餐费结算等，仍需要在原业务系统中进行处理。

6.3　教育和就业

教育和就业是人员涉及面最广的典型场景。

随着人类进入商业文明社会，教育和就业成为普遍的个体刚需。教育是为了普及文明，培养社会发展需要的人才。企业及各类组织机构是工作平台，大多数人的一生都会在各个工作平台间穿梭。人们追求更适合自己个人需要的平台，平台也需要更符合自己发展方向的人才。在这个双向选择的过程中，平台对个人的真实经历更感兴趣。信息化加速了人才的流动，这在给社会经济带来极大活力的同时，也给经济发展带来了更多的困扰。其中一个困扰是关于诚信的问题，即如何相信对方的公开信息是符合事实的。这就是信息的可验证问题。

图 6-4 展示了教育主体（如学员或学生）与身边资源可能发生的关联活动，称为教育生态资源。

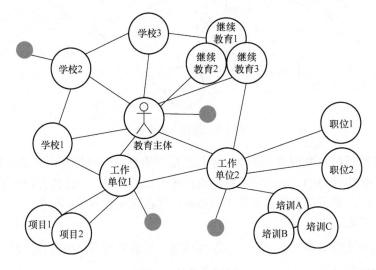

图 6-4　教育生态资源

当身份注册不再是进入招聘系统的门槛时，招聘生态会发生重大变化，人员参与被弱化，招聘服务更多地通过人工智能完成匹配，算法价值将会有更多的表现机会。这种典型的匹配过程也适合婚介、商业供需匹配等场景。提供越多机器可验证的材料，双方越可以更高效地得到符合需求的资源。

6.4　医疗

医疗行业是低耦合分布式大数据处理的典型场景。

医疗是记录最多个人隐私的行业。医疗记录存储在各个医疗机构中，但这些医疗机构之间未必可以实时互通。医疗大数据不开放互通的原因有两方面，一方面是存在数据泄露风险；另一方面是集中管理的技术难度、复杂度、管理风险过高。这种数据割裂导致当患者跨医疗机构使用历史数据时，医生或患者难以从其他医疗机构获取本该属于患者个人拥有的医疗记录。

在数据整合应用过程中，严格的身份认证和鉴权无疑是最关键的部分。分割化存储的医疗数据可以通过分布式的身份系统关联起来，使得个人只能获取属于自己的医疗记录；同时，在这种情况下也没有必要进行医疗数据的集中化存储与处理。

图 6-5 展示了医疗参与主体（如患者）与身边资源可能发生的关联活动，称为医疗生态资源。

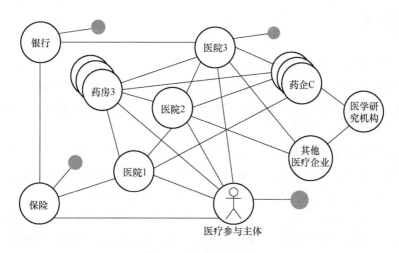

图 6-5　医疗生态资源

虽然医疗数据"大集中"事实上不太可能实现，但分布式数据管理方案却让人们重新看到了个人医疗数据完整访问的曙光。

分割数据集成的难点之一在于身份认证与鉴权，难点之二在于历史数据中患者 ID 和 DID 的映射。

在 DID 解决方案中，医院 DID 认证服务只需要为每个患者发布 VC。同时，医院服务注册在公共 VDR 上，相当于大集中服务索引。

医疗系统必须解决患者、医生、处方与药房的关系。在传统医药分家的医疗体系中，药房的处方药取药系统与医院信息系统是连通的，患者凭借身份证、社会保障号、保险号等证件去医院开药，得到一个处方 VC，然后去药房取药，这个过程会涉及医疗保险报销。在使用 DID 的医疗系统中，处方 VC 可以存储于患者（持有方）自有设备中，患者可以去任何一个药房取药，药房只需要验证处方 VC，而无须访问医院信息系统读取药方，医院系统也不需要推送药方给药房，并且很容易与保险、保险报销等系统在线联动。

如果自有设备中的 VC 丢失或损坏，患者可以凭 DID 去医院系统中获得处方 VC，因为该 VC 本来就是患者所有的。当然，也可以设计为患者授权药房作为代理去医院系统获取处方 VC。

DID 会大幅降低分布式系统的互动成本。对于已有的业务系统，必须改造的地方仅限于登录用户的认证及鉴权。对于未来开发的新业务系统，DID 接入是必须考虑的一个关键要素。

6.5 金融

金融是安全严谨的典型场景。

在现代社会中，每个人都要与金融系统打交道。对金融系统来说，鉴别对方的真实身份尤其重要。相对而言，拿入场券去观看一场球赛或演出，对身份的真实性要求并不是那么严格。

银行是最常见的金融机构，其提供的 VC 具有很强的可信度，因此可以将银行提供的 VC 用于其他身份认证服务。人们还可以提供银行账户信息或资金流动性证明（如月平均存款大于 10 万元），而无须披露进一步的数据。

对个人用户来说，要发生与金融相关的业务，首先需要一个钱包。数字钱包是一种软件模块或硬件模块，用于安全地存储和访问私钥、连接机密和其他敏感的加密密钥材料，以及实体使用的其他私有数据[80]。现实世界的物理钱包中存放钞票和各类证件，数字空间的数字钱包中存放数字货币、DID 和可验证凭证。

数字钱包是一个总称。其中，使用 DID 代表身份的钱包可称为 DID 钱包。数字钱包可以安装在移动设备、笔记本式计算机或台式计算机上。当个人获得具有以下功能的数字钱包时，一些操作将变得更加高效与安全。

（1）可以与任何支持 DID 的金融机构展开合作，并且可以从整个供应商市场获得金融服务，而无须到处重复填写相同的表格。

（2）可以提供来自受信任的第三方的数字凭证，这些凭证需要通过 KYC（Know Your Client，了解您的客户）和 AML（Anti Money Laundering，反洗钱）检查每个金融机构的要求。

（3）可以以数字方式共享所有信息（由受信任的发行方进行数字签名）。

（4）可以执行单方或多方数字签名，以授权重要操作。

具体来说，DID 钱包的核心功能是方便拥有方（Holder）进行 DID 和 VC/VP 的管理，主要包括以下内容。

（1）DID 创建与查看。

（2）DID 文档的查看。

（3）DID 管理，如私钥查看、私钥重置等。

（4）VC/VP 申请、查看和使用。

（5）DID 通信。

（6）使用 DID 登录验证方系统并实现鉴权。

DID 钱包正处于发展初期，还没有垄断市场的产品出现。目前知名的数字钱包有支付宝、亚马逊支付、苹果支付、PayPal、谷歌支付、GrabPay、微信支付等。

用户有权选择提供必要的凭证。例如，只提供某银行账户或资金总额大于 100 万元的凭证，但不显示具体存款金额。

DID 钱包支持匿名交易，如果用户使用数字钱包在网上购买了某些令人尴尬的商品，可以选择不与商家分享自己的身份信息，而直接使用匿名交易。

DID 只是 Web3 的入场券。在 Web3 时代，最有可能发生翻天覆地变化的就是金融行业，其进化态势无法阻挡。

6.6 物联网和设备接入

物联网是技术含量最高的典型场景。

物联网设备通常分布在不同的地域，采用多种方式接入网络，这使得其编码标准存在多样性，具有较高管理成本和安全风险。如果使用 DID 技术为物联网设备分配全局唯一标识，并且结合厂家生产信息、物联网运营商及设备的所有权信息，为设备颁发多种凭证，赋予设备可声明、可验证的自主身份，就可以在区块链上实现设备身份和数据的高效分布式认证，有效保障数据来源的真实性，同时也有利于对设备产生的数据进行确权、计价。

DID 有潜力为任何投资于物联网的组织创造如下价值[80]。

（1）它允许支持物联网的企业通过简化的设备生命周期管理来节省运营成本并更快地发展物联网网络。

（2）它可以通过提供更简单、一致的方法来保护各种物联网设备并使它们能够安全通信，从而显著减少数据责任和网络安全威胁。

（3）基于部署 DID 带来的可验证数据的价值及增强的信任和安全性，实现新的物联网生态系统和更高价值的用例。

随着物联网设备和网络的不断扩大，这些价值将逐步凸显出来。

1. 设备接入

基于 DID 的身份识别和凭证，可以为市场提供一种手段以实现以下功能[80]。

（1）建立参与其网络的设备的高可靠性身份。

（2）可证明提供给它们所连接网络的数据来源。

（3）允许物联网设备识别和验证它们正在接收的命令和更新。

（4）提供一种将功能委托给其他网络参与者的方法，同时永不放弃对设备（或物体）的最终控制权。

2. 基于 DID 的交互

DID 主张用户管理和控制数字身份，不同用户之间不依赖第三方进行安全通信。通过用户自己管理的 DID 标识符和密钥，以及注册到分布式账本的 DID 数据，满足基于 DID 的点对点相互认证和安全通信需要。

就两点间的通信而言，如 DID Comm，其安全通信的工作原理依然基于传统 PKI 挑战—应答机制和协商数据加密方式。这种安全通信的底层协议可使用 HTTP、RPC、蓝牙、NFC 或其他协议，成为不同解决方案之间端到端互联互通的标准通信方式；就全网所有节点而言，通过部署在去中心化服务器及个人客户端的身份密钥钱包，以及全网共享的 DID 分布式账本，代表任意不同实体身份的节点之间都可以实现基于非对称密钥方式的认证交互，并且最终通过这种实体间的信任传递实现全网信任。

6.7　网络游戏

DID 能为网络游戏带来"游戏穿越"体验，用户可用同一个身份穿梭在各个游戏之间，无须登录即可游遍数字世界。游戏身份的特点是必须作为一个合法身份正常使用游戏（业务系统）。无论游戏本身如何管理用户，对玩家来说都好像拿到一个特别通行证，可以随意进入任何支持 DID 接入的在线游戏，这对游戏厂家来说是一个好消息。

另外，对游戏装备交易，一个数字世界的商业玩家也可以方便地进入任何一家数字装备（物品）交易市场进行交易。

游戏应用场景代表了真实身份登录并使用系统的场景，并不是提供一个 VC 那么简单的。类似的场景包括各类云上系统的登录用户管理，如邮箱、云盘等，都可以实现穿越式登录和使用，不仅是省去用户注册环节这么简单的突破。

6.8　访问权限或资格管控

在线访问权限管控是最容易切入的典型场景。

第一个场景是 A 公司向 B 公司购买了某调研报告，使得 A 公司的所有在职员工都可以在线阅读此报告。很显然，在这个场景中，阅读第三方网站上内容的权限是无法按照"先注册后访问"的传统方式进行认证和鉴权的。关键在于核验当前阅读者是否是 A 公司的在职员工，而这个信息只存在于 A 公司的系统中。

第二个场景是作为访客进入一个写字楼或小区，只需要其中一位工作人员或业主给一个授权即可。这是一件很简单的事情，但传统的门禁系统会把简单变为复杂，访客填写个人信息，系统给予访客一个临时身份通过门禁，而这个临时身份以后再也不会用到。这种糟糕的用户体验的根源就是身份管理集中化，也就是门禁系统只"认识"自己管辖区域的少数人，与外界的身份系统无法通信。很显然，填写个人信息的操作是多余的，因为每个访客本来就有数字化"身份"证明，只是无法与当前的门禁系统联动而已。当使用 DID 时，只需一位"业主"给访客一个授权，访客即可顺利通过门禁系统。无论是通过扫码还是刷脸，访客只需要证明"我是我"。

第三个场景是证明个人经常居住地。如果在游乐园买票时，本地居民可以享受优惠，此时本地居民是指某个人的经常居住地是本市或本地区。收到的邮件、驾照等都可以证明个人的经常居住地，但这些凭证同时也出示了居民的详细住址，对售票员（或线上售票系统）来说，他们只希望知道"是"或"否"，对详细地址不感兴趣。因此，即使没有邮件、驾照等凭证，利用大数据确定某个人是否居住在某个大范围地区（如 500 千米范围内）也并非难事，只要本人同意为某个特定目的使用这类数据即可。

对"可驾驶何种类型的汽车""允许登上此航班""是本店 VIP"等声明的处理流程也是完全相同的。

因为每个用户都有永久的个人身份，点对点交易将更易于实现。个人的声明都可以得到验证，所以交易双方更容易形成基于诚信的沟通。Web2.0 时代的信任或信用很少能够获得数字印证，或者说量化的印证，这是导致违约甚至诈骗的原因之一，DID 应用则有望改善这种状况。

第 7 章
前景与展望

SSI 是身份问题长期思考、探索、发展的结果，从最开始的想法到实现历经了数十年甚至更长的时间。关于 SSI/DID 的未来，还要回到 Web3 这个大趋势和大背景来看。

7.1 Web3 技术栈

目前 web3.foundation 发布的 Web3 技术栈共分 5 层，如图 7-1 所示。

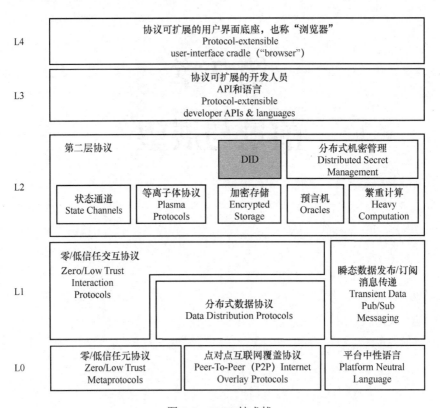

图 7-1　Web3 技术栈

DID 位于 L2，需要使用 L1 的基础设施。

下面简要介绍 Web3 技术栈各层的主要功能和应用（案例）。

7.1.1　L4（第四层）

L4 是 Web3 技术栈的顶层，参与者主要是普通用户（而不是开发人员），实现用户与一个或多个区块链交互的能力。用户将拥有直接与区块链交互的程序，而无须知道实现细节，已有的应用包括 Status（以太坊移动客户端）、MetaMask（Web3 钱包和浏览器扩展）、MyCrypto（以太坊账户管理）。

7.1.2　L3（第三层）

L3 是人类可读语言和库的层，允许开发人员在适当的抽象级别创建程序。

这一层有多种语言可用于开发应用程序而无须处理实际字节码，如 Solidity、Vyper（以太坊）、Plutus（Cardano 是一个权益证明区块链平台，Plutus 是 Cardano 上的原生智能合约语言）和 Rust（Substrate 使用 Rust 开发，是区块链构建开发平台）。此外，还有各种框架可用于更轻松地开发与区块链交互的应用程序库，如 ethers.js、web3.js 和 oo7.js。

DID 对 L3 提供 API 库。

7.1.3　L2（第二层）

L2 通过允许增加扩展、加密消息传递和分布式计算等功能来增强第一层中列举的功能。L2 包括但不限于以下协议。

1. 状态通道（State Channels）

状态通道的特点是链下节点相互通信并仅把初始和最终结果上链，而不是将每个状态的转换记录都上链，从而提高区块链的可扩展性。状态通道是区块链扩容的重要技术，可以让区块链支持更丰富的应用。状态通道的应用包括比特币的闪电网络（Lightning Network）和以太坊的雷电网络（Raiden Network），前文提到的 Sidetree 也属于此类。

2. 等离子体协议（Plasma Protocols）

Plasma 是通过创建区块链的"树"来提高可扩展性的另一种方式，主链作为树的根，子链尽可能少地与更高级别的链交互，其实际应用包括 Loom 的 PlasmaChain 和 OmigeGO 的 Plasma。

Plasma 要做的工作并不是保护子链的安全，而是当有安全事故发生时，保证用户可以安全地取回自己的资产并返回到主链。

3. 加密存储（Encrypted Storage）

Encrypted storage 用于加密和解密静态和动态的数据。静态是指将数据存储在特定计算机上；动态是指将数据从一台计算机传输到另一台计算机。

4. 预言机（Oracles）

区块链预言机是区块链与外部世界交互的一种实现机制，它在区块链与外部世界间建立一种可信任的桥接机制，使得外部数据可以安全可靠地进入区块链；或者说，预言机是一种将链下数据（如天气结果或股票价格）注入区块链的方法，通常供智能合约使用。正是预言机的存在，使得区块链从封闭走向开放，从而满足更多的应用场景，实现无限可能。Sidetree 就是通过预言机与区块链进行交互的。

5. 繁重计算（Heavy Computation）

繁重计算提供了一种方法，允许计算分布在多个计算机之间，并且证明计算能被正确执行。以太坊的 TrueBit 就是繁重计算的应用。

TrueBit 是一种以太坊增强功能，或者说是以太坊区块链的计算预言机（Computation Oracle）。TrueBit 位于其他现有系统上，是帮助区块链卸载复杂或繁重计算的技术，使智能合约能够安全地执行标准编程语言编写的复杂计算，同时降低 gas 成本。TrueBit 允许应用程序以一种由主链验证的方式做更复杂的事情[82]。

6. 分布式机密管理（Distributed Secret Management）

分布式机密管理允许只有授权方访问信息，包括复杂的场景，如"解密此信息需要所有 6 个签名者使用其密钥"或"7 个签名者中的任意 5 个必须同意"，其应用包括奇偶校验机密存储。

7.1.4 L1（第一层）

L1 提供了分发数据并与之交互的能力。

1. 零/低信任交互协议（Zero/Low Trust Interaction Protocols）

零/低信任交互协议用于描述不同节点如何相互交互并信任来自每个节点的计算和信息。大多数加密货币，如比特币和 ZCash，都符合零/低信任交互协议的定义，它们描述了节点参与协议所需遵循的规则。

2. 分布式数据协议（Data Distribution Protocols）

分布式数据协议用于描述数据如何在去中心化系统中的各个节点之间分发和通信，其应用包括 IPFS、Swarm 和 BigchainDB。

3. 瞬态数据发布/订阅消息传递（Transient Data Pub/Sub Messaging）

瞬态数据发布/订阅消息传递用于描述如何传达不打算永久存储的数据（如状态更新），以及如何使节点意识到其存在的协议，其应用包括 Whisper 和 Matrix。

7.1.5　L0（第零层）

L0 是 Web3 技术栈的基础，包括节点如何通信及如何在最低级别对其进行编程。

1.　零/低信任元协议（Zero/Low Trust Metaprotocols）

实现零/低信任元协议的平台，允许所有参与成员共享安全性。Polkadot 就是零/低信任元协议的一个实际应用。

2.　点对点互联网覆盖协议（Peer-To-Peer (P2P) Internet Overlay Protocols）

点对点互联网覆盖协议是一个网络套件，允许节点以点对点的方式进行通信。

3.　平台中性语言（Platform Neutral Language）

平台中性语言是一种在不同物理平台（如架构、操作系统等）上执行相同程序的方法，其应用包括 EVM（以太坊）、UTXO（比特币）和 Wasm（Polkadot）。

IBM 研究院软件工程首席科学家格雷迪·布奇（Grady Booch）认为，去中心化使技术更加复杂，对基本用户来说将更加遥不可及，而不是更简单、更容易获得。虽然可以通过添加新层来解决这个问题，但这样做会使整个系统更加集中，违背了去中心化的初衷[81]。

很显然，Web3 技术栈将随着 Web3 的发展而继续完善，点对点的应用将成为主流，这与社会生活中尊重个性文化逐渐占据主导地位密切相关。

7.2　Web3 与 DID

无论人们喜欢还是不喜欢，理解还是不理解，Web3 已经开始影响人们的生活。2014 年，以太坊联合创始人加文·伍德（Gavin Wood）在一篇名为《DApp：Web3 是什么》的文章中阐述了 Web3 的终极目标，那就是"更少信任，更多事实"。Web3 是基于"无须信任的交互系统"在"各方之间实现创新的交互模式"。

作为 Web3 的必要基本模块，DID 与 Web3 紧密相连。

区块链的广泛应用是 Web3 的核心技术特征，SSI 从理论框架到 DID 实现，关键在于区块链技术的应用。区块链是 DID 关键信息的主要存储设施，因此区块链及相关技术的发展也会影响 DID 的发展。

虽然区块链未必是 DID 生态的必要构成部分，但从某种角度看，区块链技术支撑的公共地址解析和数据登记是目前 DID 全生态中的最佳解决方案。目前，区块链能够满足 DID 的去中心化需求，如果 DID 由一个中心化的服务器提供存储和查询，那么其"去中心化"就变得名不副实。随着去中心化技术的快速发展，更多的解决方案会被投入使用。

此外，DID 的永久持续使用特性，对包括区块链在内的互联网存储是一个极大的挑战，因为持续运营的存储需要成本，这些成本如何合理分摊到每个使用者的 DID 账户是 Web3 无法回避的问题。

7.2.1　DID 与数字交易

Web3 赋予 DID 丰富的内涵，如一个 DID 在加密货币金融圈相当于一个银行账户。DID 作为一种身份标识符，也具备特定的生命周期，如创建、发布、使用、挂失、销毁等。DID 的贡献在于把人类、其他生命体和世界万物，甚至一个抽象的存在都同等地看待，这为未来世界打开了极大的想象空间。

在某些场景下，VC 并不是必需的。但对重要资产（如比特币等加密货币、驾照、护照）的存取来说，VC 却至关重要。更多的时候，DID 只是一个身份标识符，使其持有方在各个应用系统间无缝穿行，再也没有注册用户和登录操作。

Web3 原生自带身份系统和金融服务。身份系统源于区块链地址和 SSI 框架，金融服务源于区块链的运作模式，即给予"矿工"奖励。这两项原生功能，使得 Web3 有能力自成生态体系，而不像过去的互联网应用那样只是为了现实世界的生活更便捷而被开发出来；或者说，在 Web3 以前，所有的数字应用都仅从属于现实世界的需求，只是现实世界的一个映射，或者现实生活的一个数字化实现并最终要回到现实世界，数字空间及"数字生物"（数字空间中的虚拟存在，如某种抽象的关系、某个数字主持人等）没有独立的人格。传统的互联网应用并不具备独立的数字空间"人格"，Web3 却试图改变这种状况，让应用在数字空间中构成完整生态而不必回归现实世界。

在 Web3 世界，如果某种特定的加密货币被过分集中在少数人手中，会导致少数人操纵货币价格，或者说操纵货币的实物兑换价值获利。当少数人的行为会严重影响货币使用活力的时候，这个货币就会被公众弃用，因为人们更倾向于采用"平等持有的"加密货币。数字空间的金融市场上有足够的加密货币竞争者，确保可以满足这种需求，至少在特定的范围内，这是行得通的，因为交易的本质是价值共识，货币只是表达价值的媒介。这意味着过去的某些常规经济金融秩序会被看不见的计算机算法重写，这种经济金融的自主动态发展是数字空间的活力之源，数字空间中的"居民"普遍参与价值交换将成为 Web3 生活空间重要特征。

在瞬息万变的数字世界，加密货币的获取是一个持续的创新过程，而不是一劳永逸的资本收藏与收益过程。很显然，与加密货币绑定的 DID 账户价值也是一直在波动的，这种波动幅度会比现实世界中的汇率波动更大。同时，NFT 作为更原始的价值交换方式（物物交换），会在一定程度上替代货币的效用，并且有更多刺激价值交换的金融产品会被开发出来。

社会只是价值交换的平台。例如，给一个文艺作品从各个维度都可以申请一个 DID 或制作一个 NFT，而价值是伴随交易而来的，或者说只要发生交易，就能完成价值交换。既然交易的本质是价值共识，那么价值交换是否对等或公平只是交易双方的共识而已，和第三者没有任何关系，第三者也无须关注与干涉。在数字空间，需要重塑法律和道德经验上"公序良俗"的内涵。这种 P2P 交易本来就是普遍现象，因此并不会造成税收损失。

游戏中可交易的装备，甚至数字化的"经验""经历"都可以作为 NFT，可以导出到 DID 本地设备，也可以发布到交易平台进行交易。从 DID 的角度来看，NFT 体现的是一种价值交换倾向与可能。

Web3 世界的 NFT、gameFi、DeFi 等大量应用场景为各类 DID 解决方案提供了足够丰富的市场应用场景。

7.2.2　DID 私钥继承

DID 私钥属于重点保护对象，这比现实中家或办公室的钥匙要严肃得多，私钥一旦被盗或泄露，后果非常严重，因此密钥安全是一个重要的发展领域。

密钥继承（也称 DID 接管）是不需知晓 DID 的原有私钥而实现对 DID 控制的过程，或者说是为 DID 重新申请公钥—私钥对的过程。

在保护私钥绝对安全的同时，还要考虑私钥的代理与继承。私钥继承本质上就是资产的继承，这不仅是技术问题，而且是社会问题和法律问题。在私钥继承方面，必须考虑一个维度需要多大规模的共识才可以认为继承有效，或者经过哪种权威机构的认可才能实现继承。目前现实世界的"裁判"往往是法院，那么 Web3 中的数字法院会是一个替代吗？我们可以拭目以待。

7.2.3　DID 与数字生活

人们如何在 Web3 的数字空间中生存与发展，生态参与者如何从相关数字活动（如创作、建造、交易等）中创造价值并获利，是 Web3 建设者们重点考虑的非技术问题。

充满活力的初始发展阶段让 Web3 充满想象力、破坏力和不确定性。新技术和新商业模式的发展过程就是持续地把不确定因素变为确定因素的过程，这个过程充斥着随机和投机、幻想和浪费，技术新颖、无章可循让冒险爱好者们感到前途无限，也让所有的参与者有更多、更大的发展空间和机会。

随着 Web3 技术、应用和商业模式的逐步完善，更多生产"标准件"的厂商开始出现，也出现了更多软件组装流水线。在未来十年内，Web3 相关的商业模式创新将持续进行，大量的现在无法想象的新商业模式将被人们创造出来，让亲历者眼界大开。每个领域都有自己的生存之道，每个活跃的去中心化组织（Decentralized Autonomous Organization，DAO）都有其独特的存在价值。人与人之间、团体与团体之间的"捆绑"会更加紧密，联动性更强，很多根深蒂固的观点和理念将变得过时与老套，将无法存在于数字空间。

Web3 的特征（如去中心化、开放和共建）使其更加以用户为中心、更加关注安全运行、更注重保护隐私和更具连通性。与现实世界相同，看上去显而易见的规则背后往往隐藏着技术玄机。

加密聊天软件 Signal 的莫西·马林斯派克（Moxie Marlinspike）认为，一旦分布式生态系统为了方便而集中在一个平台上，它就会成为"两全其美的最糟糕的情况"，即集中控制，但仍然足够分散，以至于陷入了时间的泥潭[81]。从软件架构角度来看，这是组件耦合度、实现复杂度、运营成本之间的平衡。

Web2 时代的网络应用已被几个大型厂商垄断，垄断的直接后果就是发展缓慢甚至停滞，这导致最终用户的审美疲劳和不满。因此垄断一定会被打破，这是 Web3 的去中心化（反垄断）技术的思路源头。可以预判，未来 Web3 的诸多领域又会以某种形式被垄断，然后 Web4 出现并打破僵局。在技术发展史上，垄断既是归宿，也是开始。

DID 的重要性在于，它是 Web3 空间进入个人领地的钥匙和进入其他领地的通行证。DID 是数字生活的起点，从 DID 开始，可以打造真正属于个人的数字空间和数字生活。例如，在人工辅助人工智能领域，特定的人工智能训练数据只服务于特定的 DID，这使得设备个性化训练达到极致，这是特殊需求人群（如残障人士）的福音。

Web3 通过区块链让用户对其内容、数据和资产拥有完全的所有权，它赋予了用户写作—阅读—收益的闭环。在未来很长的一段时间内，普通内容生产者将拥有与内容展示平台的议价权。内容展示平台将更加小众化、专业化和个性化，面向大众的内容展示平台将逐渐丢失流量入口的地位。未来引流的将会是数字空间中无数的人工智能应用，他们都是"看不见的手"。

各类平台平等地分工协作，各种角色只是 Web3 生态中的一个环节，如云存储、IPFS 作为内容存储设施，原有的界面展示平台，如门户网站、博客、微博、视频网站、短视频 App，仍然发挥内容展示方面的技术优势和操控优势。同时，各平台必须对外公开提供信息发布与撤销 API，各类平台和内容创造者都平等地作为收益分配中的一个角色，收益分配操作按多方事先签订的智能合约自动执行。对智能合约来说，参与利益分配的各方都只是一个个平等的 DID 而已。

关于数字空间的确定趋势是，只要能在数字空间完成的事情，就不要回到现实世界完成。在整个数字生态中，DID 是所有数字空间活动的必要属性。

7.2.4 与真实身份绑定的 DID

可以预见，区块链加密货币会从现在完全匿名的状态，发展到由 DID 支持的阶段，因为 DID 兼顾私密与公开身份。

与 DID 绑定的用户真实身份通常是指由政府或权威机构颁发的身份证、护照、驾照、毕业证书等，这些身份在数字空间中的存在形式是 VC，在与真实身份绑定后，这些 DID 将兼容当前的身份证明信息，这是最普通与常见的应用场景。实名 DID 并不必然意味着高信用和高信誉，因为网络世界必然与现实世界有所不同，这种不同并不总是被刻意营造的，与身份相关的信用是在长期的数字生活中被好友、同伴、DAO、AI、陌生人塑造的个性化身份特征，称为网上行为认证。

7.2.5 匿名 DID

DID 不与法律上认可的身份做绑定，只在 Web3 数字时空中存在，匿名 DID 同样可以参与大量的数字活动，如无记名投票等。匿名 DID 的风险在于个人权益无法得到保障，特别是在 DID 被盗等意外发生之后。在技术上，这是被允许的，但在理论上，匿名 DID 会成为法外之地的产物。如同 Web2 时代不注册也可以访问新闻网站，只是某些操作会受到限制一样。有了强大的加密资金、NFT、朋友背书或 DAO 认可，匿名 DID 一样可以参与大多数 Web3 活动，甚至在某些场景下，匿名 DID 通过网上行为认证可能获得比实名 DID 的 VC 更高的信用等级。

在 DID 的使用过程中，根据安全需求的不同，采用不同的安全治理框架。企业或组织内部将继续使用内部管理员治理，公众 DID 则更倾向于使用算法治理。

匿名 DID 带来的风险也显而易见，如女巫攻击（Sybil Attack）。女巫攻击是指通过创建多个身份、账号或节点来影响并控制 P2P 信誉系统平衡的行为。

Web3 在大范围推广去中心化特征的同时，对隐私保护和验证机制的挑战也随之而来。去中心化身份同样存在隐私保护、去中心化和抵抗女巫攻击的三角困境，三者之间必须有所取舍，如图 7-2 所示。

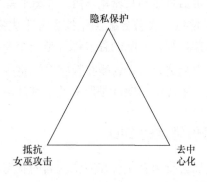

图 7-2   数字身份三角困境

7.3   DID 展望

7.3.1   DID 的实现路线

任何一个进入 Web3 世界的用户，他要做的第一步是获得一个数字钱包，数字钱包里的第一个物件就是一个身份。在人类社会中，身份是社会关系的起点，有了身份，才能讨论包括财产权在内的各种权利，就如同 Web2 时代，只有在博客网站注册账户后（获得一个身份）才能拥有发布文章的权利。当人类个体拥有一个不依赖任何主体而生成和使用的身份主体的时候，才能讨论建立数据拥有权。

数字货币（加密货币）是与身份（地址）绑定的。例如，在比特币链上，比特币地址就是一个 DID；在以太坊上，每个用户都拥有一个以公钥为地址的 DID。当 DID 规范已经成了 Web3 的标准插件时，非规范的历史身份 ID 会被各种数字钱包桥接到标准 DID 上。

数字钱包中保存的另外一个重要物件是可验证凭证（VC），在需要的时候提供给第三方查看和验证。人们已经普遍接受数字比纸张有更强大有力的承诺效力，也就是 VC 比纸面版证书有更高的可信度。

数字钱包终将被各类硬件厂商绑定为标配组件，如移动通信设备（移动电话、平板等）、增强现实（Augmented Reality，AR）设备等将把携带身份管理的数字钱包捆绑销售。

各类证件颁发机构也将逐步被纳入 DID 体系。VC 的普及的确抢了证件制作机构的生意，但却给颁证机构减轻了财务和系统运营负担，至少不需要再去维护一个稳定、可靠、长期运行的鉴证服务。

同时，DID 并不会影响各类内部系统的正常运行，如企业管理系统、办公自动化系统等，因为 DID 天生是为广域网准备的礼物。

DID 的普及最终仍要受制于软件工业的发展。面向应用开发人员的 DID 标准件或标准程序库，如星火 DID 库等，将极大推进 DID 的普及进程。DID 各个环节使用的标准件和 API 都需要各研发组织投入开发力量，如 VC 网站标准件、DID 最终用户标准件等，一方面是降低研发难度和成本；另一方面是降低 DID 使用成本，最终用户免费使用必然有助于推动技术普及。而研发成本和运营成本最终由谁负责是必须面对的现实问题。区块链的经济规则是让付出者获利，DID 的投入者，就算是纯粹的公益组织，也要有合理的获利渠道。

当 DID 标准件成熟后，DID 相关的开发将成为各软件系统用户管理的标准方式，用户相关的开发功能将变为软件模块配置。

DID 的实现将从新开发的系统开始，然后逐渐替换大量旧系统的用户账号，不主动跟进的旧系统会被更快淘汰。在涉及身份的开源系统中，DID 将作为用户身份的标准出现。开源社区将是推动 DID 普及的重要力量。

7.3.2　DID 带来的挑战

身份天生具有场景特征，人类可以在不同的场景使用不同的身份。与之对应，人们可以拥有多个 DID 以用于不同的场景。

DID 等去中心化应用带来的挑战是监管和突发事件管控。中心化的应用非常有利于部署各类管控措施，但去中心化的应用，特别是基于算法管理框架的应用，算法的设计就变得非常重要，必须考虑管控方面的需要，必要时相关的管控模块会自动处理，否则会给网络带来风险。

DID 相关系统的并发效率不会成为问题，因为出现了大量的 DID 服务提供商，每个服务提供商提供不同的服务地址，同时也有大量的区块链可供使用，这极大地分散了服务并发数，因而 DID 的访问效率将会很高，全网的吞吐量和并发量也会超越当前的集中式服务器方式。

DID 让主体拥有了一个绝对的身份，而不是各类应用里的相对账户。各类应用，特别是移动设备上的应用会发生应用关系上的变化。包含 DID 的数字钱包，会成为个人（或组织）内容创作中心，或者说是重要的流量入口，创作完成后就可以选择发布到展示平台，或者接受展示平台的订阅。直播类节目也可以在数字钱包完成，展示平台只负责在占领的网络空间展示内容。这将是一个完全以内容创造者为中心的时代。展示平台可以保留当前所有的美化、监控等功能，但并不妨碍创作者在其他平台同步展示内容。这无疑给了创作者更大的分享与展示空间，从而更大可能地为消费者服务，而不用过多考虑某个展示平台的规则。更自主的选择与交易，独立而隐秘的数字货币将对社会财富的分配格局和规则产生巨大影响，影响面到底多大以及该如何应对，现在还无法预估。

7.3.3　DID 和物联网

在 DID 推广到人类在互联网上的通用身份标识之前，DID 在物联网行业会有更大的应用前景。物联网是一个较新的领域，没有太多的陈旧系统等历史包袱，一般也不直接连接金融机构，并且在生产制造、物流、销售、能源等先进技术应用广泛的领域或企业比较常见。如果制造企业为车床、机器人、计算服务、数字孪生等关键设备、资产、虚拟资产申请 DID，为每个智能个体赋以独立的身份，必然会为智能物联网提供更个性化的服务，为工业大数据提供更多有效资源。若能结合工业互联网，则可以组成更大的数字空间，为工业智能化赋能。一个 DID 可以代表一个智能物联网活跃单元，如一个传感器、一台边缘计算服务器、一个人工智能应用，甚至一只宠物等。

DID 作为 Web3 中最广泛使用的应用，会在 Web3 的每一条记录中留下痕迹，由此为 Web3 的成长铺下坚实的基石。

附　　录
术语中英文对照表

Assertion	断言
Authentication	验证
Authorization	授权
Ceremony	仪式
Certificate	证书
Challenge-Response	挑战—应答，质询—响应
Claim	声明
Credential	凭证，凭据，证书
Decentralized	分布式，去中心化，分散式
Entity	实体
Holder	持有方
Identifier	标识符，身份标识符
Identity	身份
Issuer	发行方，发证方
Presentation	表征，表达，表述
Proof	证明
Registry	注册表
Relying Party	依赖方，验证方
Subject	主体
Verifiable	可验证
Verifier	验证方
Verify	验证

参 考 文 献

[1] eID 数字身份体系白皮书[R]. 公安部第三研究所, 2018.

[2] PHIL Windley. Relationships and Identity. 2020.

[3] JAKE Frankenfield. Personally Identifiable Information (PII). 2022.

[4] KIM Cameron. The Laws of Identity. 2005.

[5] PHIL Windley. The Laws of Identity. 2019.

[6] CHRISTOPHER Allen. The Path to Self-Sovereign Identity[M]. 2016.

[7] The IT Law Wiki. Internet Assigned Numbers Authority[EB/OL]. 2022.

[8] SSL.com Support Team. What Is a Certificate Authority (CA)[EB/OL]. 2021.

[9] 孟洁, 张淑怡. ICO 对英国航空和万豪国际开出巨额罚单 GDPR 执法强硬时代来临[J]. 安全内参, 2019-7-11.

[10] SAM Meredith. Here's everything you need to know about the Cambridge Analytica scandal[N]. CNBC, 2018-3-21.

[11] 张雅婷, 郭美婷. 近 12 亿条电商用户信息被泄露: 数据爬取亟须规范平台又该承担何责? [N]. 21 世纪经济报, 2021-6-24.

[12] 移动支付网. 英国信息监管局对英国航空和万豪国际开出巨额罚单, GDPR 执法强硬时代来临[EB/OL]. 2019-7-11.

[13] 孙晓玲. 因泄露 3 亿条用户数据, 万豪国际遭英监管机构罚款 1 亿英镑[N]. 新华社, 2019-7-10.

[14] 林迪. 万豪酒店再现信息泄露, 涉及 520 万客户[N]. 环球网, 2020-4-1.

[15] 网络研究院. 2022 年必须知道的 89 个数据泄露统计, 2022.

[16] PATRICK Salyer. A Step Back in Time: The History and Evolution of Digital Identity[M]. 2015.

[17] ALEX Preukschat, DRUMMOND Reed. Self-Sovereign Identity（Decentralized Digital Identity and Verifiable Credentials）[M]. NewYork: Manning Publication, 2021.

[18] FRANK Hersey. Kim Cameron remembered via his 7 Laws for Identity[Z]. 2022.

[19] 阮一峰. 理解 OAuth2.0. 2014-5-12.

[20] WIKIBIN. Augmented Social Network[EB/OL]. 2022.

[21] KEN Jordan, Jan Hauser, Steven Foster. ASN-white paper-1000 excerpt. [R]. 2003.

[22] BART Delft, MARTIJN Oostdijk. Security Analysis of OpenID, A Security Analysis of OpenID[J]. 2010.

[23] CryptoCurrency Wiki. Consensus Algorithm[EB/OL]. 2022.

[24] McKinsey Global Institute, Olivia White, Anu Madgavkar, et al. Digital identification: A key to inclusive growth[J]. 2019-4-17.

[25] BRITISH Heritage. Tim Berners-Lee-The World Wide Web Inventor[J]. 2022.

[26] REBECCA. What is Web 1.0? Everything You Need to Know[J]. 2022.

[27] TAYLOR Locke. To Elon Musk, Web3 seems more like a 'marketing buzzword' than a reality[J]. 2021.

[28] hARUINVEST，The Challenges For Web3. 2022.

[29] JEREMY Laukkonen. What Is Web3? How a blockchain-based decentralized internet can change the world，2022.

[30] JACKIE Wiles. What Is Web3. 2022.

[31] SAM Gilbert. Policymakers, web3, and the metaverse. 2022.

[32] JOHN Bogna. What Is Web3 and How Will it Work. 2022.

[33] KING NewsWire. DID-Your Passport to the Web3.0 World. 2022.

[34] GXFS. SSI Whitepaper: Gaia-X secure and trustworthy ecosystems with Self Sovereign Identity[J]. 2022.

[35] DIRK van Bokkem, Rico Hageman, Gijs Koning, et al. Self-Sovereign Identity Solutions: The Necessity of Blockchain Technology[J]. 2019.

[36] The European Commission. Give your digital project a boost[J]. 2022.

[37] QUINTEN Stokkink, Johan Pouwelse. Deployment of a blockchain-based self-sovereign identity[J]. 2018.

[38] Sovrin 基金会. 自主身份（Self-Sovereign Identity, or SSI）原则 V1.01[S]. 2020.

[39] Principles Of SSI V2[EB/OL]. 2022.

[40] ADRIAN Gropper, Michael Shea, Martin Riedel. How SSI Will Survive Capitalism 1.0[J]. 2019.

[41] HASHKEY, TOKEN Gazer. 去中心化身份（Decentralized ID, DID）研究报告[R]. 2019.

[42] GEORGE Fox University, Robin M. Ashford. Digital Identity Development[J]. 2020.

[43] VINOD Baya. Digital identity: moving to a decentralized future[J]. 2019.

[44] W3C. Decentralized identifiers (dids) v1.0 is a w3c recommendation [EB/OL]. 2022.

[45] IDF 官网[EB/OL]. 2022.

[46] DIF. Sidetree v1.0.0[EB/OL]. 2022.

[47] RWOT. Our Mission[EB/OL]. 2022.

[48] The Trust Over IP Foundation 官网. [EB/OL]. 2022.

[49] The Trust Over IP Foundation 官网. toip-model[EB/OL]. 2022.

[50] NIST. Roots of Trust[EB/OL]. 2020.

[51] PHIL Windley. The Architecture of Identity Systems[M]. 2020.

[52] ROBERT MacDonald. What Is Self-Sovereign Identity? (The Future of ID?) [J]. 2022.

[53] Sovrin.org. Sovrin Governance Framework[EB/OL]. 2022.

[54] W3C. Decentralized Identifiers (DIDs) v1.0[EB/OL]. 2022.

[55] 百度官网. DID[EB/OL]. 2022.

[56] KYLE Den Hartog，DID-Auth protocol, 2018.

[57] DIF. DIDComm Messaging v2.x Editor's Draft. 2022.

[58] DRUMMOND Reed. Decentralized Key Management System. 2017.

[59] KERI. Welcome to KERI. 2022.

[60] ROBERT Mitwicki. Thinking of DID? KERI On[J]. 2022.

[61] Github.io. sidetree-protocol-overview[EB/OL]. 2022.

[62] MARCIN Rataj. IPFS powers the Distributed Web[J]. 2022.

[63] 百度. Germ 节点[EB/OL]. 2022.

[64] 星火·链网. 数字身份服务[EB/OL]. 2022.

[65] Sovrin 官网. Overview. [EB/OL]. 2022.

[66] Indy DID Method[EB/OL]. 2022.

[67] Microsoft. Decentralized Identity, Own and control your identity. 2018.

[68] 星火·链网. 总体设计目标. 2022.

[69] PHIL Windley. Decentralized Identifiers[M]. 2019.

[70] MARKUS Sabadello, Kyle Den Hartog, Christian Lundkvist，et al. Introduction to DID Auth, A White Paper from Rebooting the Web of Trust VI. 2018.

[71] RFC-Wiki. RFC3552[EB/OL]. 2003.

[72] MICHAEL Lodder. Recommendations for Decentralized Key Management Systems. 2017.

[73] DIF 官网. didcomm-messaging 规范[EB/OL]. 2022.

[74] W3C. Verifiable Credentials Data Model v1.1[EB/OL]. 2022.

[75] W3C. Verifiable Credentials Use Cases[EB/OL]. 2019.

[76] W3C. DID 用例[EB/OL]. 2021.

[77] RY Jones, Stephen Curran, Indy DID Method. 2022.

[78] ION 官网, Overview[EB/OL]. 2021.

[79] PAMELA Dingle. ION-We Have Liftoff. 2021.

[80] Sovrin. hSSI-and-IoT-whitepaper. 2020.

[81] THOMAS Stackpole. What Is Web3. 2022.

[82] NESIL Ozer. Truebit Protocol-A Scalable Verification Solution. 2022.

[83] INDY SDK[EB/OL]. 2022.

反侵权盗版声明

电子工业出版社依法对本作品享有专有出版权。任何未经权利人书面许可，复制、销售或通过信息网络传播本作品的行为；歪曲、篡改、剽窃本作品的行为，均违反《中华人民共和国著作权法》，其行为人应承担相应的民事责任和行政责任，构成犯罪的，将被依法追究刑事责任。

为了维护市场秩序，保护权利人的合法权益，我社将依法查处和打击侵权盗版的单位和个人。欢迎社会各界人士积极举报侵权盗版行为，本社将奖励举报有功人员，并保证举报人的信息不被泄露。

举报电话：（010）88254396；（010）88258888

传　　真：（010）88254397

E-mail：　dbqq@phei.com.cn

通信地址：北京市万寿路 173 信箱

　　　　　电子工业出版社总编办公室

邮　　编：100036